DELIUS KLASING

Das Buch ist unseren Kindern Hal, Ceri und Hollie gewidmet, die mit unserer Passion groß wurden.

Die englische Originalausgabe mit dem Titel »Campervan Crazy« erschien 2006 bei Kyle Cathie Ltd., London.

Bibliografische Information der Deutschen Nationalbibliothek
Die Deutsche Nationalbibliothek verzeichnet diese Publikation in der Deutschen Nationalbibliografie; detaillierte bibliografische Daten sind im Internet über http://dnb.d-nb.de abrufbar.

1. Auflage
ISBN 978-3-7688-2506-1
Die Rechte für die deutsche Ausgabe liegen beim Verlag Delius, Klasing & Co. KG, Bielefeld

Aus dem Englischen von Dr. Bernd Wiersch
Layout: Geoff Hayes
Einbandgestaltung: Gabriele Engel
Printed in China 2008

Delius Klasing Verlag, Siekerwall 21, D - 33602 Bielefeld
Tel.: 0521/559-0, Fax: 0521/559-115
E-Mail: info@delius-klasing.de
www.delius-klasing.de

Inhalt

EBM 120D

Dieses Buch ehrt den Volkswagen-Camper und die Menschen, die dieses einzigartige Fahrzeug fahren und lieben. Es soll kein historischer Bericht über die Entwicklung einer klassischen Design-Ikone sein und auch kein Nachschlagewerk; die Fakten sind allesamt schon in vielen anderen Büchern dokumentiert worden. Vielmehr soll es diejenigen zusammenbringen, die eine gemeinsame Leidenschaft teilen, und die Besitzer in ihrem täglichen Leben und damit ein geliebtes Mitglied der Familie würdigen: den VW-Campingwagen in all seinen Erscheinungsarten.

Besessenheit oder Hingabe?

Es ist mehr als 50 Jahre her, dass der einfache, schmucklose VW-Transporter das Licht der Welt erblickte, und er ist heute populärer als jemals zuvor. Warum das so ist, lässt sich schwer erklären, aber kein anderes Fahrzeug erzeugt so viel herzliche Zuneigung oder steht so im Mittelpunkt des Lebens seiner Besitzer. VW-Camper und -Busse erzielen heute sehr hohe Preise und sind sehr begehrt.

Sie symbolisieren Spaß, Freiheit und Abenteuer und werden häufig zu Werbezwecken und in Filmen genutzt, um einen bestimmten Lebensstil zu vermitteln. Obwohl die Fahrzeuge oft mit Hippies und Surfern in Verbindung gebracht werden, sind die VW-Besitzer eine vielseitige Mischung aller Jahrgänge und sozialen Schichten, die eines miteinander teilen – die Liebe zu ihrem Bus. Sie blinken sich mit ihren Scheinwerfern zu und begrüßen sich mit einem durch Finger geformten VW-Zeichen. Sie treffen sich bei Tausenden von Veranstaltungen und Shows und reden dort stundenlang über das Objekt ihres Stolzes und ihrer Freude, und sie bewundern, was andere mit ihren Volkswagen-Bussen gemacht haben. Sie bauen große Motoren ein und fahren sie auf Rennstrecken. Sie schnallen Surfboards auf die Dächer und fahren an den nächsten Strand. Sie versammeln sich an Wochenenden in Gruppen auf Campingplätzen, fernab vom hektischen Alltag. Einige unternehmen abenteuerliche Reisen durch Europa oder Afrika, durch Asien oder beide Amerikas; andere nutzen die VW-Busse für kürzere Urlaubsfahrten mit der Familie oder als Transportmittel und für Umzüge. Und sie wenden viel Zeit und Geld auf, um sie zu pflegen. Einige entwickeln und fertigen individuelle Inneneinrichtungen, um den Campern eine persönliche Note zu verleihen, oder passen sie durch Speziallackierungen ihren persönlichen Vorstellungen an. Andere wiederum restaurieren ihre Busse bis ins letzte Detail originalgetreu.

VW-Bullis sind langsam, sie kämpfen sich die Berge hoch und bedürfen ständiger Aufmerksamkeit, aber das ist ein Teil ihres Wesens – die Reise ist immer genauso wichtig wie das Ziel. Mit einem VW-Campingbus kann man anhalten, wo und wann man will, ohne ein Hotelzimmer und ein Restaurant suchen zu müssen. Der Camper ist Wohnzimmer, Schlafzimmer, Restaurant – ein berühmter Fensteraufkleber drückt es so aus: »Zuhause ist da, wo du parkst!« Das sagt alles. Durch den Campingbus träumst du dich zurück in eine Zeit, als das Leben noch einfacher war. Er ermöglicht es dir, Freundschaften zu schließen, an verlassenen Orten zu übernachten und abseits der üblichen Routen zu reisen. Er gibt dir die Chance, in einer Welt von Klonen und Pauschalreisen deine Individualität auszuleben, den Sonnenuntergang zu beobachten und zu entscheiden, wohin die Reise morgen geht.

Campingbus-Besitzer lieben ihre Fahrzeuge, als ob sie lebendige Wesen wären. Einige Busse werden als weibliche Wesen betrachtet, andere als männliche. Fast jeder Bus hat von seinem Besitzer einen Namen bekommen, ja, die Wahl des Namens ist ein wichtiger Initiationsritus für den neuen Besitzer eines Busses. In einer Welt der anspruchsvollen Technologie, der MPVs und des Vierradantriebs, in der der Wagen, den man fährt, ein wichtiges Statussymbol ist, scheint es paradox, dass das Interesse am VW-Bus nicht nachlässt und ihre Anzahl auf den Straßen sogar noch zuzunehmen scheint.

Weil zum Beispiel in Großbritannien VW-Busse nur in begrenzter Zahl zum Verkauf stehen, haben die Leute begonnen, sich ihren Traumwagen außerhalb der Insel zu suchen, wo Campingbusse noch immer zu einem erschwinglichen Preis zu finden sind. Jetzt werden größere Stückzahlen aus Kontinentaleuropa und den USA sowie solche mit Rechtslenkung aus Australien importiert.

Bis vor Kurzem waren diese Länder ausgezeichnete Fundstätten für vergleichsweise preiswerte Campingbusse in gutem Zustand, weil Zoll und Steuerbehörden sie als seltene und/oder historische Fahrzeuge klassifizierten, was hieß, dass sie nur mit fünf Prozent Mehrwertsteuer belegt wurden. Der Import von nicht weniger als 2700 VW-Bussen im Jahre 2004 nach Großbritannien veranlasste die Behörden jedoch, die Zoll- und Steuervorschriften zu ändern. VW-Busse wurden nun nicht mehr als selten und historisch klassifiziert, mit der Konsequenz, dass die Mehrwertsteuer auf 17,5 Prozent angehoben wurde (obwohl einige Zyniker meinen, dies sei nur geschehen, weil der Staat seine Einkünfte aufbessern wollte).

Trotzdem, die Nachfrage nach und das Interesse an VW-Campingbussen wachsen weiter, und somit steigen auch die Preise. Ein Camper ist längst nicht mehr ein billiges und angenehmes Fortbewegungsmittel, und die Zeiten, in denen man einen Bus billig kaufen konnte, sind längst vorbei. 1990 waren rostige Kleinwagen die Regel, aber heute scheint jeder einen Campingbus besitzen zu wollen, und die Qualität der Fahrzeuge, die man auf Ausstellungen und im täglichen Gebrauch sieht, ist erstaunlich.

Als wir 1978 unseren Devon-Campingbulli kauften, kostete er 500 Pfund Sterling, und wir mussten einen Kredit aufnehmen, um ihn zu erwerben. 2005 bezahlten wir fast 10 000 Pfund Sterling, um ihn zu restaurieren und neu zu möblieren. Obwohl das manchem absolut verrückt erscheint, wird dieser Bus auf unsere Kinder vererbt werden, damit auch sie noch ihre Freude daran haben. Die Tatsache, dass er im Moment makellos ist, hält uns nicht davon ab, ihn dafür zu nutzen, wofür er gebaut wurde – um dem Stress der Arbeit zu entfliehen und sich daran zu erfreuen, unterwegs zu sein und die Welt durch die geteilte Windschutzscheibe zu betrachten. Das pure Glück!

Dieser Campingwagen (gegenüberliegende Seite), Baujahr 1954, wurde im Jahre 2003 für eine Ausstellung über die Geschichte der Popmusik als psychedelischer »Hippie-Bus« lackiert (siehe Seite 83).

Die Anfänge

Interessanterweise baute Volkswagen bis vor kurzer Zeit die VW-Camper nicht selbst. (2005 brachte VW seine erste eigene, vornehme Version auf den Markt, weil der bisherige Hauptsteller Westfalia von einem international tätigen Wettbewerber übernommen worden war.) Stattdessen lizenzierte man andere Unternehmen, Transporter und Volkswagen-Busse zu Campingwagen umzubauen. Das bekannteste waren die Westfalia-Werke, aber es gab auch andere Firmen wie Devon, Dormobile, Danbury und Viking, die eine bedeutende Rolle spielten, wenn es darum ging, bezahlbare Campingwagen zu bauen und den europäischen Markt für diese Art von Fahrzeugen zu erschließen. Südafrika, Australien und Nordamerika hatten ihre eigenen Camper-Modelle.

Als sich in den 1950er-Jahren die Wohlstands- und Freizeitgesellschaft entwickelte, wurde den Herstellern rasch klar, dass es einen Markt für Fahrzeuge gab, die ebenso als Lasten- und Personentransporter wie als mobiles Heim einsetzbar waren. Mit seiner unverwüstlichen Zuverlässigkeit, seiner großen Bodenfreiheit, seinem riesigen Innenraum und dem pflegeleichten, luftgekühlten Motor bildete der VW-Bus die ideale Basis und eroberte schon bald die Welt.

Es ist unglaublich, aber all das begann mit einer einfachen, von Hand gezeichneten Skizze. Nach den Verwüstungen durch den Zweiten Weltkrieg führte das massive Wiederaufbauprogramm in Europa zu einer starken Nachfrage nach einfachen Transportfahrzeugen, die in der Lage waren, mittelgroße Ladungen zu bewegen. Dieses Problem wurde zunächst durch Veränderungen an existierenden Fahrzeugen gelöst. Im Auftrag und mit Unterstützung der britischen Besatzungstruppen gelang es deutschen Arbeitern, die Käfer-Fabrik in Wolfsburg wieder aufzubauen und die Produktion in Gang zu bringen. Ferdinand Porsche, der Konstrukteur des Käfers, hatte schon Pläne für einen Käfer-Lieferwagen. Obwohl diese beim verantwortlichen Offizier für das Volkswagenwerk, Major Ivan Hirst, Gefallen fanden, wurde der Produktion des normalen Käfers Priorität eingeräumt. 1947 besuchte der holländische Autohändler Ben Pon das Werk in Wolfsburg und sah dort einen seltsamen kleinen Plattenwagen, der für den Teiletransport innerhalb der Fabrik genutzt wurde. Er war aus Teilen, die zufällig zur Verfügung standen, zusammengebaut, mit einem Käfer-Motor und -Getriebe. Pon war von den Möglichkeiten, die er sah, so beeindruckt, dass er sein Notizbuch hervorholte und eine kleine Zeichnung anfertigte. Diese einfache Skizze lieferte die Inspiration für das, was später der berühmte VW-Transporter werden sollte.

Er hatte eine Kastenform, einen Heckmotor mit einer Heckklappe als Zugang zum Motor und eine

Ben Pons Skizze aus dem Jahre 1947 war der Geburtshelfer für den VW-Transporter (unten).

Der Parfümhersteller »4711« kaufte den ersten Transporter und lackierte ihn im März 1950 in den Farben des Unternehmens (gegenüberliegende Seite oben).

Der Plattenwagen, mit dem man innerhalb der Fabrik Teile transportierte, inspirierte Ben Pon zum Entwurf des VW-Transporters (gegenüberliegende Seite unten).

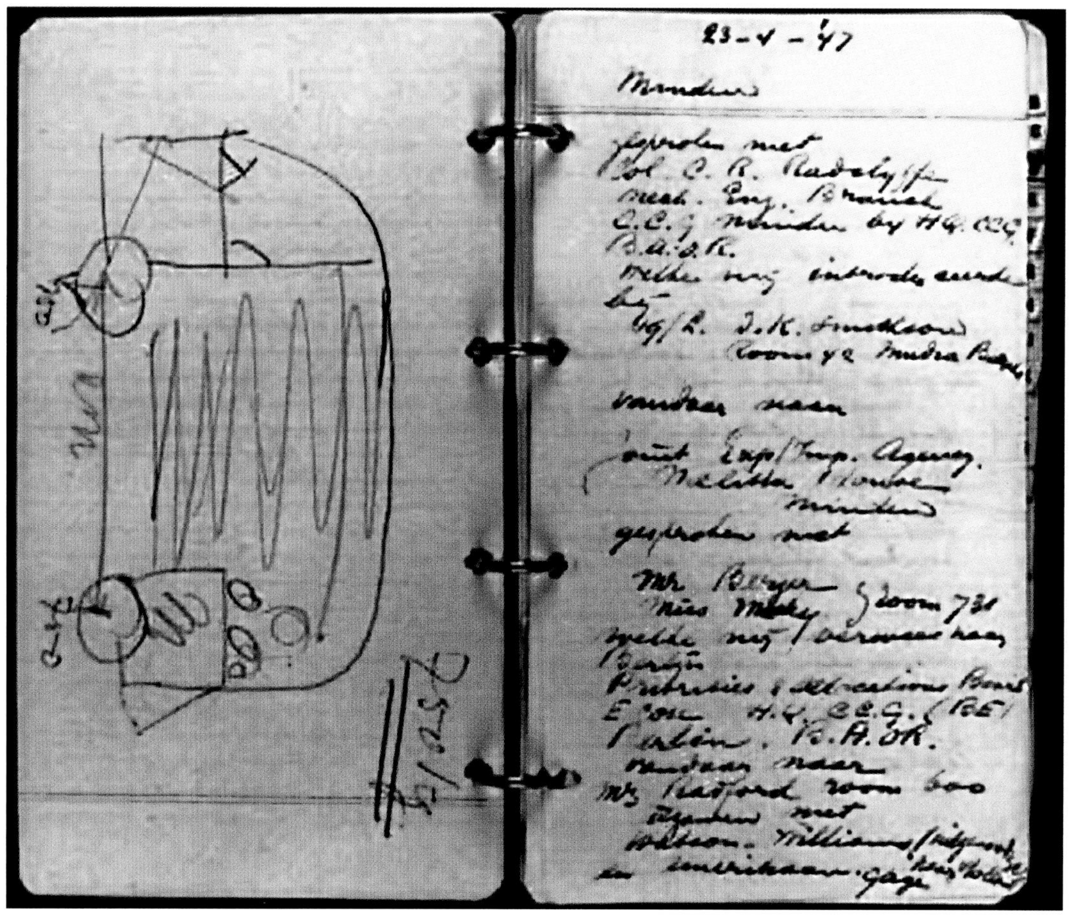

gewölbte Front. Der Fahrer saß über der Vorderachse. Obwohl die Idee Anklang fand, wurde sie zurückgestellt, da das Werk aufgrund der begrenzten Ressourcen und Materialien an seine Kapazitätsgrenze stieß. 1948 wurde die Kontrolle über das Werk wieder in deutsche Hände gelegt, und Heinz Nordhoff wurde zum Geschäftsführer ernannt. Dieser visionäre Techniker sah sofort das Potenzial eines solchen Fahrzeugs und gab die Anordnung zur Entwicklung dessen, was eine der langlebigsten Ikonen der Automobilgeschichte werden sollte. Am 12. November 1949 wurde der VW-Transporter der Weltpresse vorgestellt, im März 1950 ging er in Produktion – der Rest ist Geschichte.

Weil der Transporter ursprünglich als Kastenwagen konzipiert war, hatten die frühen Fahrzeuge alle eine geschlossene Karosserie. Die Geschäftswelt erkannte sehr schnell die Möglichkeiten, die Wagen zur Eigenwerbung zu nutzen, sodass der erste, von dem Parfümhersteller 4711 erworbene Serienwagen umgehend in den Farben des Unternehmens lackiert und mit dem Firmenlogo geschmückt wurde.

Von Anfang an hatte Nordhoff jedoch die Vorstellung, eine Reihe von verschiedenen Transporter-Modellen entwickeln zu lassen, einschließlich eines Pritschen- und eines Krankenwagens. Im Mai 1951 gingen zwei neue Modelle in Produktion: der Kombi, der herausnehmbare Sitzbänke (optional mit einer Innenverkleidung und Geräuschdämmung sowie einem Rückfenster) hatte, sowie der Neunsitzer-Bus. 1952 gab es von diesem das »Sondermodell« (in VW-Kreisen als Sambabus bekannt), mit einem Segeltuch-Schiebedach, seitlichen Dachfenstern, Chromzierrat und einer hochwertigen Innenausstattung. Alle vier Modelle sollten später als Basis für die verschiedenen Camper-Modelle dienen, wobei der Kombi dafür das beliebteste Fahrzeug war.

Die ersten VW-Campingwagen

Anfang der 1950er-Jahre konnten sich die Leute kein zweites Auto erlauben und kauften deshalb ein Fahrzeug, das sie sowohl in der Woche für die Arbeit als auch am Wochenende für die Familie nutzen konnten. Der Kombi erfüllte diese Ansprüche mit seinen ausbaubaren Sitzreihen perfekt.

Die Firma Walter Martin war in Großbritannien eine der ersten, die das Potenzial des sich ausweitenden Freizeitmarkts erkannten. Als einer der Direktoren in Dover die Leute beim Warten auf die Fähre in ihren Autos schlafen sah, kam ihm die Idee, ein Fahrzeug zu bauen, in dem man komfortabler übernachten konnte. So wurde das Dormobile entwickelt, eines der ersten erschwinglichen Fahrzeuge einer zukunftsweisenden Camper-Generation. Das Unternehmen war auch eines der ersten, die Betten und einen Kocher in das Fahrzeug einbauten und es sogar mit einem Hubdach ausstatteten. Weil jedoch Volkswagen in Großbritannien mit hohen Einfuhrzöllen belegt waren, wurden für die frühen Dormobiles Fahrzeuge der Marken Bedford, Austin und Land Rover als Basis benutzt. So war es der deutsche Hersteller Westfalia, der die ersten Camping-Ausstattungen für den Volkswagen entwickelte und damit Zeichen für die Zukunft setzte.

Westfalia war ein traditionsreicher Karosseriehersteller, der für seine in den 1920er- und 1930er-Jahren produzierten Caravans und Camping-Anhänger bekannt war. 1951 bat ein in Deutschland stationierter amerikanischer Offizier Westfalia, in einen VW-Kombi eine Campingausstattung einzubauen. Dieser Sonderanfertigung folgten 1951/52 bei Westfalia weitere 50 handgefertigte VW-Camper.

Einer dieser Wagen wurde 1952 auf der IAA in Frankfurt ausgestellt und von einem älteren Ehepaar, Erna und Helmut Blenck, gekauft, die mit ihm 1953 Südafrika bereisten. 1955 veröffentlichten sie ein Buch über ihre Reisen mit dem Camper, *Südafrika heute – Wildnis und Wolkenkratzer – Land der Kontraste*, in dem es heißt:

»Für unsere vorangegangenen Fahrten nach Asien, Afrika und Nordamerika benutzten wir gewöhnliche Fahrzeuge. Diesmal konnten wir tun, was wir schon lange geplant hatten: einen Wagen fahren, der uns in die Lage versetzte, große Entfernungen komfortabel zu überwinden und für die Nacht gerade dann anzuhalten, wann wir es wollten, ganz unabhängig von Städten und Hotels. Aber noch wichtiger als die Möglichkeit, im Auto zu schlafen, war die bequeme Art, unser komplettes Gepäck zu verstauen. Heute vergisst man leicht, was Fahrzeuge, besonders ihre Federung und ihre Reifen, auf einer Reise wie dieser, die uns häufig über sehr schlechte Straßen führte, aushalten müssen; 22 500 Kilometer, die wir durch Südafrika und Südwest-Afrika fuhren, müssen doppelt gezählt werden. Wir waren sehr dankbar, wie uns der Volkswagen-Kombi und die Continental-Reifen sicher über alle Hindernisse – sandige Flussbetten, überflutete Straßen, Bodenwellen und außergewöhnliche Steigungen – brachten.«

Das war nicht nur die erste Reise mit einem VW-Camper, sondern es war auch das erste heldenhafte Abenteuer, das mit ihm unternommen wurde, und es bewies, wie gut der Wagen das schlechte, widrige Terrain meisterte. Diese Reise mit dem Camper war ein Beleg für die Qualitäten des kleinen VW-Busses, der seitdem immer die erste Wahl für solche Unternehmungen war.

Weil man erkannt hatte, dass ein VW-Kombi mit der Möglichkeit einer Mehrzwecknutzung populärer und damit besser zu verkaufen war als einer mit einem fest installierten Camping-Einbau, stellte Westfalia 1953 die »Camping-Box« her, ein schnell und leicht ein- und auszubauendes Campingset, das den Kombi ohne viel Mühe in einen Wochenend-Camper verwandelte. Die »Camping-Box« bestand aus seitlichen und hinteren Sitzen sowie einem großen Kasten, der hinter den vorderen Sitzen befestigt war und aus dem man das Bett herausklappen konnte. Außerdem gab es einen einfachen Kocher und eine Waschgelegenheit. Die ersten Prospekte zeigen sogar, wie man die Möbel zu Hause als zusätzliches Gästebett nutzen konnte.

Die Nachfrage war so groß, dass Westfalia 1955 einen voll ausgestatteten Camper in der Standard- und Exportversion präsentierte. Im folgenden Jahr baute Peter Pitt, der Gründer der Canterbury Pitt Conversions, seine erste Camperversion für den VW-Kombi in Großbritannien, und 1957 hatte der Devon-Camper seinen ersten Auftritt. Nichts war mehr so wie früher in der Welt der motorisierten Caravans – der VW-Camper war da.

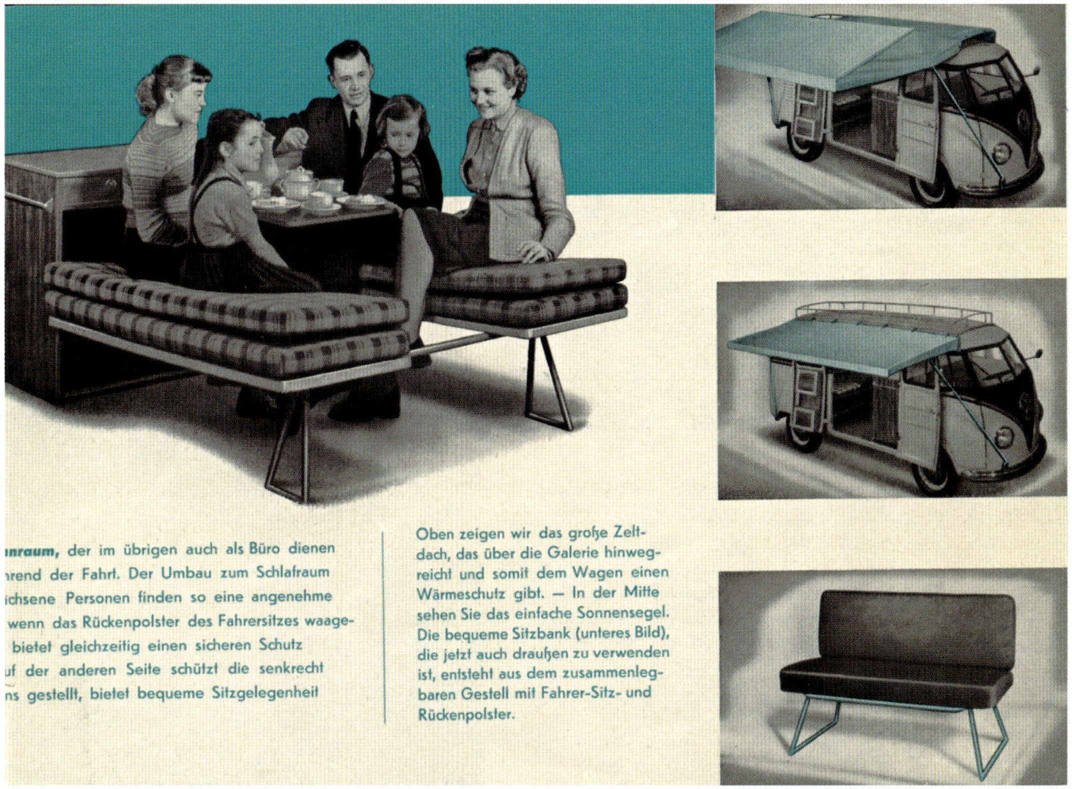

Der erste Prospekt für die »Camping-Box« stammt aus dem Jahre 1953 und zeigt ihre vielfältigen Verwendungsmöglichkeiten (rechts).

H DW 924

WE51 BUS

BMW 795L

KHK 173

CLUB
JOKER

Fünf Generationen

Viele Leute glauben, dass die Bezeichnung »Typ 2« sich auf die Bullis mit der ungeteilten Frontscheibe bezieht, die von 1967 bis 1979 gebaut wurden. Tatsächlich bezeichnet »Typ 2« aber alle Transporter und Busse, so wie alle Käfer dem »Typ 1« zuzurechnen sind.

Seit der erste VW-Transporter vom Fließband rollte, hat es fünf Generationen von VW-Campern gegeben, aber die bekanntesten sind die mit der geteilten Frontscheibe (auch als Split oder Splitty bekannt) und die mit großer, ungeteilter Frontscheibe (auch Bay genannt). Die Splittys sind an ihrer geteilten Scheibe sofort erkennbar und gelten vielen als das Nonplusultra. Oft als »Van mit dem Gesicht« beschrieben, hat der Splitty mit seiner V-förmigen Front definitiv ein Retro-Design. In der Hackordnung der Snobisten in der VW-Camper-Welt steht der Split (links unten), der von 1950 bis 1967 gebaut wurde, an oberster Stelle. Der Bay der nächsten Generation mit der großen, ungeteilten Windschutzscheibe (Mitte rechts), der von August 1967 an gebaut wurde, ist wahrscheinlich der bekannteste und sicherlich der häufigste. Wer einen Split fährt, unternimmt eine Reise in die gute alte Zeit, als die Dinge noch nicht so kompliziert waren, während die Camper der nächsten Generation komfortabler zu fahren sind, eine größere Leistung haben, besser auf der Straße liegen und funktionstüchtige Bremsen besitzen. Beide Modelle sind, erkennbar am blubbernden Klang, mit einem luftgekühlten Motor ausgestattet, und für viele sind »luftgekühlte« Camper die einzigen, die überhaupt Beachtung verdienen.

Die Produktion des T2 endete 1979, als Volkswagen die dritte Generation des Transporters präsentierte, der in Großbritannien als T25 (unten rechts), in den USA und Kanada als Vanagon (aus Van und Station Wagon) und ansonsten als T3 bekannt wurde. Für einige waren diese keilförmigen Camper keine »echten« VW-Camper mehr. Obwohl sie in den letzten Jahren einen gewissen Status und die entsprechende Popularität erlangt haben, besitzen sie nicht die Anziehungskraft der früheren Versionen. Sie werden jedoch langsam von der eingeschworenen »luftgekühlten« Gemeinschaft akzeptiert, und ein Blick über die Campingplätze und die Ausstellungen beweist, wie beliebt sie in der Zwischenzeit geworden sind. Während man noch vor wenigen Jahren einen Split oder einen T2 für wenige tausend Pfund kaufen konnte, muss man heute über 10 000 Pfund für einen vernünftigen Split und etwa 8000 Pfund für einen T2 hinlegen – und das hat (obwohl auch hier die Preise steigen), das Interesse am T25, der in der Werksterminologie offiziell T3 genannt wird, belebt. 1983 wurde der luftgekühlte Motor nicht mehr eingebaut und gehörte der Geschichte an. Stattdessen kamen die modernen wassergekühlten Motoren zum Einsatz. Das war ein Sakrileg für viele Camper-Enthusiasten, die sie als reine Wasserpumper verachten. Aber die Zeiten ändern sich, und der T3 mag in einigen Jahren ebenfalls Kultstatus erreichen wie der Split und der T2. Auch wenn den T3 möglicherweise das Charisma und der Charakter der frühen Camper fehlen und sie von außen nicht so eindeutig identifizierbar sein mögen, gehören sie zur Szene dazu und werden von ihren Besitzern ebenfalls innig geliebt.

1992 wurde der T4 Transporter (Mitte links) eingeführt. Er sieht aus wie viele moderne Kastenwagen und hat sogar, oh Schreck, den Motor vorn. Als Antwort auf einen sich wandelnden Markt sind diese neuen Camper mit ihren luftgekühlten Vorgängern nicht mehr zu vergleichen. Ihre Innenausstattung ist aus modernen Kunststoffen gefertigt und oft besser ausgerüstet und verarbeitet als in vielen Wohnungen: standardmäßig mit Mikrowelle, Heizung, Dusche, Satelliten-Navigation und TV sowie CD/DVD-Player. In ihrer komfortablen Ausstattung lassen sie jedoch den Reiz der alten Camper mit ihrem »Zurück zur Basis«-Flair vermissen.

Und doch: Eine Heizung zu haben, die funktioniert, Betten, die nicht durch das komplizierte Auslegen von Sitzkissen entstehen, und einen Camper, um den man sich nicht ständig kümmern muss, hat auch seine Reize. Tatsächlich haben viele Camper-Besitzer sowohl einen modernen als auch einen klassischen Wagen und nutzen sie für verschiedene Einsatzzwecke, wobei ihr klassischer Oldie für den Lifestyle steht.

Der T5 (unten) kam 2003 auf den Markt, er repräsentiert die letzte Generation des Volkswagen-Busses und ist hauptsächlich für den gewerblichen Einsatz und als MPV gedacht. In der Vergangenheit hatte Volkswagen Prototypen seiner neuen Modelle zu Westfalia gegeben mit dem Auftrag, dafür Campingausstattungen zu entwickeln. Weil jedoch Westfalia mittlerweile zum DaimlerChrysler-Konzern gehörte, war Volkswagen nicht willens, einem Mitbewerber Details seines neuen T5 preiszugeben. Man beendete 2004 die enge Geschäftsbeziehung mit Westfalia, und damit endete die 50-jährige Geschichte von Westfalia-Campern. Volkswagen sah jedoch die Notwendigkeit, auch in Zukunft einen Camper anzubieten, sodass zur T5-Modellreihe wieder ein solches Fahrzeug gehört, der California, den es sogar mit Rechtslenkung gibt, weil man die Wichtigkeit des englischen Marktes erkannt hat. Der von Volkswagen im eigenen Werk ausgestattete California hat mit der Tradition gebrochen: Er ist ein Fahrzeug mit modernem, minimalistischem Design und einigen genialen, innovativen Entwicklungsdetails. Diese Fahrzeuge trennen Welten von den einfachen Basis-Campern der Vergangenheit, sie wurden für einen Markt entwickelt, der Luxus und Leistung fordert.

Original oder maßgeschneidert?

Einen weiteren Unterschied in der klassischen Volkswagen-Camperwelt gibt es zwischen den »Puristen« und denen, die ihr Fahrzeug individuell herrichten. Wie bei jedem Hobby sind einige der Meinung, dass nur das Original zähle. Für sie muss alles so sein, wie es das Werk gebaut hat – also muss der Camper in so vielen Details wie möglich dem Originalzustand entsprechen –, und sie sind erschüttert über tiefer gelegte oder nicht in der Originalfarbe lackierte Fahrzeuge. Während das Tieferlegen früher als radikale Veränderung angesehen wurde, ist es heute etwas Normales. Die Besitzer schmücken ihre Wagen gern mit Sonderlackierungen, Leichtmetallrädern, Chromaccessoires, ausgefallenen Innenstoffen und künstlichen Fellen oder sogar mit Burberry-Design.

Besonders reizvoll für die Besitzer ist es, ihren Wagen ein persönliches Gesicht zu geben. Camper werden gebaut, damit man mit ihnen leben kann, und eines der Charakteristika, die den Camper einzigartig machen, ist das individuelle Erscheinungsbild, das die Besitzer ihren Campern verleihen. So werden sie zum Ausdruck der Persönlichkeit und des Geschmacks ihrer Eigentümer, und darin besteht ein Großteil ihrer Anziehungskraft. Restaurierte Busse werden als Teil der Historie bewundert, an denen sich alle erfreuen können, während maßgeschneiderte Busse Beispiele für die individuelle Kreativität in einer Welt der Massenproduktion und der Uniformität darstellen.

Zwei interessante Trends haben sich in den letzten Jahren herauskristallisiert. Der erste betrifft die Leistungsfreaks, die ihre Fahrzeuge zwar optisch dem Original entsprechend restaurieren, aber die Motorleistung frisieren, um damit auf Rennstrecken fahren zu können. Es ist schon etwas Besonderes, wenn ein alter Bulli mit quietschenden Reifen die halbe Meile in weniger als 14 Sekunden fährt. Diese schnellen Motoren sind allesamt für den normalen

Verkehr zugelassen, und der Schock auf dem Gesicht eines Möchtegernrennfahrers mit einem Fiesta GT, der nur noch die Rücklichter sieht, zaubert fast jedem ein Lächeln ins Gesicht. Man sollte jedoch bedenken, dass solche Modifikationen durchgreifende Änderungen an dem traditionellen Bremssystem erfordern. Die Mitglieder des kürzlich gegründeten BWA-Clubs (Buses With Attitude) sind stolz darauf, in ihre Split-Camper leistungsstarke Motoren eingebaut zu haben. Um in den Club aufgenommen zu werden, muss man die Viertelmeile unter 18 Sekunden fahren.

Der zweite Trend hat sich so stark verbreitet, dass er jetzt auf Shows eine eigene Klasse darstellt. Es ist der »Ratten-Look«, ein Modetrend, der eine Reaktion auf allzu perfekt restaurierte Wagen darstellt. Diese Busse sind hässlich und schäbig, mit verblichenen Lackresten und Rostflecken – je schäbiger der Lack, desto besser. Von einigen Anhängern des Ratten-Looks heißt es, dass sie den Lack ausbleichen lassen oder den gewünschten Effekt mithilfe von Seewasser zu erzielen suchen. Für andere bedeutet es aber einfach nur, dass man keinen Stress hat, wenn Beschädigungen am schönen neuen Lack auftreten!

Ein typischer Bulli im Ratten-Look (oben).
Beim »Alien« wurden das Dach abgeflacht und einige Veränderungen an der Karosserie vorgenommen. Außerdem wurde er tiefer gelegt (gegenüberliegende Seite oben links).
Shorty ist ein verkürzter Kastenwagen (gegenüberliegende Seite oben rechts).
Die große Motorraumklappe ist ein Detail aus der Zeit vor 1955 und ein Grund dafür, warum solche Busse den Spitznamen »Scheunentor« bekamen (gegenüberliegende Seite unten links).
Verlängerter Split-Camper (gegenüberliegende Seite unten Mitte).
Camper auf der Rennstrecke (gegenüberliegende Seite unten rechts).

Verrückt nach dem Campervan?

Ob restauriert oder in gebrauchtem Zustand, alt oder modern – der Reiz des Bullis ist unverwüstlich, und ein Leben mit diesen kleinen Kästen auf Rädern will dieses Buch beschreiben. Die Besitzer der VW-Camper verbindet eine Leidenschaft mit ihrem fahrbaren Untersatz. Mögen sie auch unterschiedliche Interessen und Geschmäcker haben, in einem sind sie sich einig: in ihrer Besessenheit von und ihrer Hingabe an das mit dem VW-Bulli verbundene Lebensgefühl. Ob sie sich mit Freunden auf Ausstellungen treffen, mit der Familie Urlaub in Frankreich machen oder bis zum Polarkreis fahren, die Besitzer sind von ihren Campern fasziniert. Und es sind Tausende, denen es so geht. Sind sie verrückt? Möglicherweise. Aber vielleicht spüren sie etwas, was anderen verschlossen bleibt …

D
EN

1 Fernweh-Träume werden wahr

Anders als die meisten stolperten wir durch Zufall in die Welt des Volkswagen-Campers (oder war es Schicksal?). Wir haben den größten Teil des Jahres 1975 damit verbracht, ein großes Überland-Abenteuer zu planen und vorzubereiten. Inspiriert wurden wir dazu durch ein Foto in *National Geographic* von einem Renault-4-Van, der das Bamiyan-Tal am Hindukusch durchquerte. So einen R4-Van wollten auch wir für unsere Reise erwerben. Das schien uns damals eine gute Wahl zu sein. Doch dann entschied sich der Händler in letzter Minute, seinen Wagen zu behalten, und ließ uns in der Patsche sitzen. Als wir uns die Anzeigen in der örtlichen kostenlosen Werbezeitung ansahen, starrte uns die Lösung unseres Problems entgegen: »1967er VW-Camper, zugelassen, Motor in gutem Zustand, schneller Verkauf erwünscht, Preis 500 Pfund.« Es schien zu schön, um wahr zu sein – ein Van, der bereits als Camper ausgestattet war. Wir hatten keine Ahnung, wie ein VW-Camper aussah, aber der Anblick zweier Elstern, die unseren Weg kreuzten, schien ein gutes Omen zu sein, und wir machten uns daran, das zu überprüfen.

Als wir den Wagen vor dem Haus der Besitzerin stehen sahen, wussten wir, dass wir ihn haben mussten. Das Fahrzeug machte einen guten Eindruck, einschließlich des Camping-Interieurs, und wir hinterließen eine Anzahlung. Die Verkäuferin erklärte uns, dass sie sich von ihrem Mann getrennt habe und schnell Geld brauche, sodass der Erste, der mit dem Geld komme, den Wagen erhalte. Wir brachten den nächsten Tag damit zu, die Kaufsumme aufzutreiben, und als wir zu ihr zurückkehrten, hatte sie den Wagen für uns vorbereitet und alles, was sich noch darin befand, auf der Straße abgeladen. Erst später erfuhren wir, warum sie es so eilig gehabt hatte. Sie wollte das Fahrzeug weghaben, ehe ihr Mann, wenn er am Abend nach Hause kam, Ansprüche darauf anmelden konnte.

Der Camper war ein rot-grau lackiertes Canterbury-Pitt-Modell. Wir nannten ihn Momo nach der Hauptfigur in Michael Endes gleichnamigem Buch. Momo kämpft gegen die Zeitdiebe, denen es nur um materialistische Werte geht; irgendwie passte das. Die Ausstattung war ziemlich einfach, aber uns erschien sie luxuriös. Als Sitzgelegenheit diente eine Essecke, und der Tisch konnte zwischen den beiden Sitzbänken herabgelassen werden und wurde so zum Bett. Ein kleiner Kocher (zwei Flammen und ein Grill) war an der Seitentür befestigt, und dort befand sich auch ein kleines Waschbecken mit einer Pumpenarmatur. Ein Wasserbehälter mit 45 Liter Inhalt war unterhalb der Sitzbänke untergebracht. Wir waren noch nicht lange unterwegs, als wir feststellten, dass dieser Tank nutzlos war, weil sich der Stöpsel auf holprigen Straßen löste und das Wasser sich im ganzen Wagen verteilte. Glücklicherweise hatten wir Behälter mit 20 Liter Frischwasser beschafft.

Jeder hielt uns für verrückt, weil wir unsere sicheren Jobs als Lehrer aufgeben und in unbekannte Gegenden fahren wollten. Doch wenn man Mitte 20 ist, sind Hypotheken, Kinder, Rentenansprüche und lebenslange Anstellungen Dinge für die ferne Zukunft. Das Leben musste jetzt gelebt werden. Irgendwo gab es Afghanistan, den Khaiberpass, Kaschmir und den wilden Hindukusch. Unsere Uhr würde die Sonne sein: Unsere Tagesplanung wurde dann gemacht, wenn sie anstand. Wir hatten eine Route, Orte, die wir sehen wollten, aber keinen Zeitrahmen, der uns irgendwie einengte.

Wir wollten Europa so schnell wie möglich durchqueren, um ohne Verzögerungen die Türkei zu erreichen. Einen Umweg durch den Nahen Osten hatten wir wegen der Unsicherheit in dieser Region bereits ausgeschlossen. So wollten wir entlang der Mittelmeerküste nach Süden fahren, dann über die Osttürkei in den Iran und von dort nach Afghanistan, Pakistan und Indien. Die Strecke wurde damals oft als »Hippie Trail« bezeichnet, aber die meisten Leute, die wir auf dieser Strecke trafen, waren normale Leute wie wir, die einmal etwas Ungewöhnliches unternehmen wollten. Die Spannung bestand darin, dass wir nicht wussten, was uns der nächste Tag bringen würde, und dass wir nur auf uns selbst gestellt waren. Wir waren unterwegs, hatten aber kein bestimmtes Ziel.

Auf dem ersten Teil unserer Reise begleitete uns ein Freund, Sam. Unser Camper verfügte zwar nur über zwei Schlafgelegenheiten (er besaß kein Aufstelldach), hatte jedoch vorne eine durchgehende Sitzbank, die man in ein drittes schmales Bett verwandeln konnte. Da Sam am zweiten Morgen durch eine Wagenladung älterer weiblicher deutscher Rentnerinnen, die durch die Frontfenster auf seinen nackten Körper starrten, abrupt geweckt wurde, übernachtete er aber, wann immer es ging, lieber im Zelt.

Obwohl wir umfangreiche Reparaturen an unserem Fahrzeug durchführen und es warten ließen, bevor wir uns auf die Reise machten, gab es ein Problem, das die Werkstatt nicht lösen konnte – die Hinterraduntersetzung musste erneuert werden. Aber die Werkstatt konnte die Teile dafür nicht bekommen. So legten wir in Frankfurt einen Zwischenstopp ein, in der Hoffnung, dass uns die dortige Volkswagenwerkstatt helfen könnte. Doch keiner der Mechaniker, die dort an 40 Arbeitsplätzen tätig waren, sprach wirklich Englisch. Überflüssig zu erwähnen, dass wir kein Deutsch sprachen. Als wir ihnen schließlich mithilfe eines Kundendiensthandbuchs unser Problem deutlich gemacht hatten, lachten sie nur. In holprigem Englisch erklärten sie uns, dass eine Reparatur viel zu teuer sei, und empfahlen uns, einen anderen Camper zu kaufen. Trotzdem waren sie schließlich bereit, den Wagen zu reparieren, und die »astronomische« Rechnung belief sich auf rund 200 Pfund Sterling. Das war mehr, als ein entsprechender Van in Deutschland gekostet hätte.

Der europäische Teil der Reise bestand aus Fahren und Schlafen. In Jugoslawien meinten wir erste Anzeichen zu spüren, dass wir Europa hinter uns ließen, und ein nicht ganz ungefährliches Zusammen-

Vorhergehende Seiten von links nach rechts:
Die Türkisküste, Türkei.
In Stein gehauene Treppe zur »Großen Halle des Darius«, Persepolis, Iran.
Eine typische Schotterstraße in der Türkei.
Der Kolahoi-Gletscher, Kaschmir.
Die Königsmoschee, Isfahan, Iran.

Die Beratung eines Patienten durch einen Heiler auf dem Markt von Peshawar. Man beachte die lebenden Warane, deren Eingeweide als Heilmittel gegen Erbrechen gelten.

Der eigentliche Beginn der Reise: Cee, Sam und Momo an der österreichisch-jugoslawischen Grenze.

Die Wüste des Todes, Afghanistan.

Die Straße zur Alanya-Festung, Türkei. Hier erreichte das Thermometer die Marke von 50 °C und zerbarst.

Kinder aus dem Gebirgsdorf Kaschmir, in dem wir Momo während unserer Wanderung zum Kolahoi-Gletscher zurückließen.

treffen mit einigen waffenschwingenden Rekruten, die eine Mitfahrgelegenheit erzwingen wollten, bestätigte diesen Eindruck. Wir mussten einen großen Umweg fahren, weil eine Brücke durch Steinschlag teilweise zerstört worden war. Viele der Straßen bestanden aus Schotter, keiner der langen Tunnel war beleuchtet, und die Landschaft war wild und schön. Es lag damals außerhalb unserer Vorstellungen, dass etwa 20 Jahre später dieses Land von Krieg überzogen und Anlass zu dem Begriff »ethnische Säuberung« geben würde. So viele Ruinen, die wir auf unserer Reise sahen, waren das Ergebnis von Jahrhunderten der Besetzung, und es stimmt traurig, dass in den letzten 30 Jahren vieles von dem, was damals noch intakt war, nun auch noch zerstört wurde.

Wir bekamen einen ersten Vorgeschmack von den Vorzügen unseres Campers, als eines Nachts ein ungeheures Gewitter ausbrach. Da wir uns vor Ort etwas Wein gekauft hatten, konnten wir ungestört durch den Lärm und das Chaos um uns herum schlafen. Als wir am nächsten Morgen die Türen öffneten, stellten wir bestürzt fest, dass der Campingplatz überflutet war. Die Zelte waren zusammengebrochen, und die Menschen standen durchnässt in kleinen Gruppen zusammen, darunter auch unser Mitfahrer Sam, der sich auf eine komfortable Nacht im eigenen Zelt gefreut hatte.

Von Jugoslawien fuhren wir nach Griechenland und machten an der Küste eine längere Pause, um Wartungsarbeiten am Auto durchführen zu lassen. Dann überquerten wir mit der Fähre den Bosporus: Europa und die uns bekannte Welt lagen hinter uns.

Die Türkei ist eine verblüffende Mischung aus Antike und Moderne, mit atemberaubenden Landschaften und archäologischen Schätzen, entsetzlichen Straßen und furchtbarer Hitze. Voller Dankbarkeit stellten wir hier fest, dass wir mit dem VW-Camper eine ausgezeichnete Wahl getroffen hatten. Man hatte uns empfohlen, die von Wellen zerfurchten Schotterstraßen so schnell zu befahren, dass die Reifen auf den Bodenwellen ritten. Leider fanden wir diese optimale Geschwindigkeit nie, sodass alles am und im Wagen rüttelte und schüttelte; wir verursachten außerdem Staubwolken, die in jede Öffnung drangen und die Sicht verschlechterten. Das war meine Entschuldigung, wenn ich immer wieder in größere Schlaglöcher geriet. Dann gab es eine Erschütterung, die durch Mark und Bein ging, ein plötzliches Schlingern, und für einen Moment dachten wir, der Bulli würde umkippen. Weiß im Gesicht, hielten wir an, um uns den Schaden anzusehen. Der Antrieb und die Stoßdämpfer schienen in Ordnung zu sein, aber die Befestigung der Stoßstange hatte sich gelockert und einige Blessuren am Chassis verursacht. Wir krochen langsam weiter und stellten fest, dass die Bremsen heftig nach rechts zogen. Obwohl wir die Radnaben abbauten, um die Bremstrommeln und die Zylinder zu inspizieren, konnten wir nichts Verdächtiges finden. Nach einigen Kilometern normalisierte sich das Bremsverhalten wieder etwas, und wir lernten schnell, das Rad nach links einzuschlagen, wenn wir bremsten. (Wir konnten das Problem nie wirklich lösen und durchlebten einige ängstliche Augenblicke, wenn wir auf den Pässen bremsen mussten.)

Wir fanden bald heraus, dass fast jeder einen Volkswagen reparieren konnte. In der Nähe von Pamukkale stießen wir auf die »Straße der eintausend Reparaturwerkstätten«. Wir wählten willkürlich eine aus und handelten den lächerlichen Preis von fünf Pfund für die Reparatur unserer Stoßstangenbefestigung und des Chassis aus. Als man mit der Arbeit begann, stellten wir fest, dass das Durchschnittsalter der Handwerker etwa 15 Jahre betrug. Wir wurden mit freundlichem Lächeln und zahllosen Tassen Tee, die uns ein kleiner Junge brachte, beruhigt. In nur zwei Stunden war die Arbeit beendet – und wir wurden von dem reparierten Teil trotz der harten Wegstrecke nicht im Stich gelassen. Nachdem wir mit weiterem Lächeln und Winken entlassen worden waren, wurde uns klar, dass der Abschiedsgruß *gule gule* so viel wie »immer lächeln« bedeutete – sehr passend.

Als Nächstes fanden wir heraus, wie verlässlich der kleine luftgekühlte Motor war. Wie auch immer die Temperatur war, der Camper zockelte weiter. An der Küste nahe Alanya zeigte das am Armaturenbrett angebrachte »Alkoholthermometer« 60 °C an und zersprang prompt. Aber der luftgekühlte Motor hatte keine Überhitzungsprobleme, vorausgesetzt, man behandelte ihn vernünftig und wechselte das Motoröl und den Luftfilter regelmäßig. Wir sahen gelegentlich Reisende, die die Motorraumklappe ihres Wagens geöffnet hatten, um dem Motor mehr Luft zukommen zu lassen. Da dieser jedoch für einen geschlossenen Motorraum ausgelegt war, wurde dadurch nur noch mehr Schmutz und heiße Luft angesaugt, was letztendlich zu Problemen mit dem Motor führen musste. Wir vertrauten den Konstrukteuren und ließen die Klappe fest geschlossen. Es war heiß. Der Staub war überall. Wir entschlossen uns sogar, mit feuchten Taschentüchern über dem Mund zu fahren, aber auch dann fand der Staub seinen Weg.

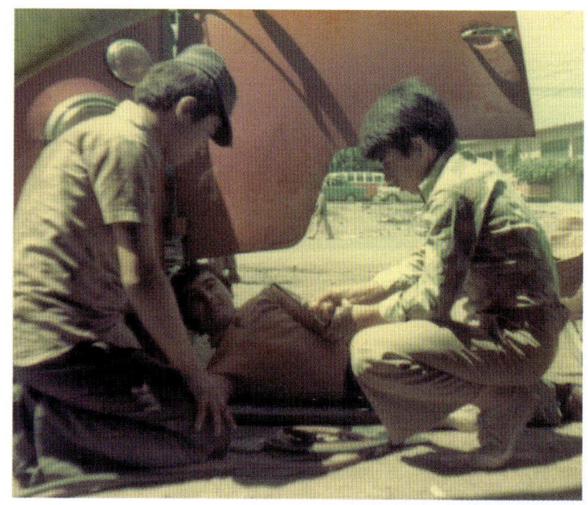

Die türkischen Mechaniker, die unser Chassis schweißten, schienen ein Durchschnittsalter von 15 Jahren zu haben.

Die südtürkische Türkisküste trägt ihren Namen zu Recht (gegenüberliegende Seite oben).

Kappadokien sieht wie die Kulisse eines Fantasyfilms aus (gegenüberliegende Seite unten).

Auf einer langen, sandigen Strecke, auf der man die »Straße« kaum sehen konnte, begann der Motor zu stottern. Wir waren kilometerweit von einem Dorf entfernt, ganz zu schweigen von einer Stadt, sahen vor uns den endlosen Horizont und blickten uns an. Der Motor keuchte noch einmal und starb dann ab. Bei dem vielen Staub vermuteten wir, dass entweder der Vergaser oder die Benzinpumpe verdreckt sei. Glücklicherweise hatte ich vor unserer Abfahrt einen Wartungskurs an der Abendschule belegt, und dies war etwas, bei dem ich wusste, was ich zu tun hatte. Nicht, dass ich es schon einmal gemacht hätte …

Abgesehen von der Hitze gab es ein weiteres Problem. Ich hatte dummerweise in einem Teehaus am Straßenrand Wasser getrunken, das nicht in Flaschen abgefüllt war, und litt jetzt unter Bauchkrämpfen und Durchfall. (Es stellte sich später heraus, dass es eine sehr gefährliche Amöbenruhr war. Wir hatten jedoch die Ratschläge, was in einen Notfallkoffer gehört, beherzigt; unserer enthielt sogar ein Mittel gegen Skorpionstiche.)

Ich baute jedenfalls bei einer Temperatur von über 55 °C im Schatten einer Sanddüne den Vergaser auseinander. Mit gereinigtem Vergaser und sauberer Benzinpumpe sowie neuen Kraftstofffiltern drehten wir den Zündschlüssel herum, und der Wagen sprang an! Unsere Freude war jedoch von kurzer Dauer, denn fünf Kilometer später starb der Motor mit den gleichen Symptomen wieder ab. Ich reinigte das Kraftstoffsystem ein weiteres Mal, wiederum zwischen Anfällen von fürchterlichen Magenkrämpfen. Der Bulli sprang wieder an, um nach nur eineinhalb weiteren Kilometern erneut abzusterben. Dann erkannten wir das Problem. Es war so heiß, dass das Benzin in den Leitungen und im Vergaser verdampfte. Wir umwickelten sie mit nassen Teebeuteln und bingo – der Bulli lief wieder. Wir mussten aber weiterhin alle paar Kilometer anhalten, um die Teebeutel zu befeuchten. Bereits damals hatten wir von Feuern im Motorraum von VW-Campingwagen gehört.

Wir hatten zwar die Bedeutung des Verkehrszeichens *Yol Yok* (was bedeutet, dass die Straße endet) herausgefunden, hatten aber keine Vorstellung, was *Yol Yapimi* bedeutet, bis wir auf Straßenarbeiten trafen. Die meisten Straßen, die wir befuhren, waren mit Staub und Schotter bedeckt, aber gelegentlich stießen wir auf eine Asphaltpiste. Die Asphaltoberfläche bestand aus Teer, der in flüssigem Zustand einfach auf einer geglätteten Fläche aufgebracht worden war und sich anschließend setzen sollte. Das dauerte bei der extremen Hitze natürlich sehr lange. Wir fragten uns noch, was *Yol Yapimi* bedeuten könnte, als wir darauf trafen: flüssiger Teer auf der gesamten Straße. Der Wagen drehte sich und rutschte in Richtung eines steilen Abhangs. Cee betätigte die Bremse, und wir rutschten in die andere Richtung auf einen anderen Abgrund zu. Der Wagen drehte sich zweimal um 180 Grad und scherte jedes Mal zu einem Rand aus, der den Untergang bedeutet hätte. Alles schien sich in Zeitlupe abzuspielen, und wir glaubten wirklich, über den Hang abzustürzen, bis der Bus schließlich zum Stehen kam. Teer klebte an den Seiten der Karosserie und am gesamten Hinterwagen. Wir waren so erleichtert, dass wir in hysterisches Gelächter ausbrachen. Nachdem sich unser Adrenalinspiegel wieder normalisiert hatte, reinigten wir den Bus mit dem Spiritus aus Sams Campingkocher und trösteten uns mit dem Gedanken, dass wir jetzt keinen Unterbodenschutz mehr für den Bus benötigten.

Die Leute in der Osttürkei waren so wenig gastfreundlich, wie das Land einladend war, das wir durchfuhren. Es gab lediglich einige wenige deutsche Traveller auf den Straßen, die meisten hatten die Fenster ihrer Fahrzeuge mit starken Sicherheitsdrahtgittern versehen. Es dauerte nicht lange, bis wir feststellten, dass all diese deutschen Campingwagen-Fahrer, über die wir spöttelten, etwas wussten, was wir nicht wussten. Am Eingang und am Ausgang jedes Dorfs lagen Horden kleiner Jungen, die mit Steinen bewaffnet waren, auf der Lauer. Wir lernten bald, wie wir damit zurechtkamen: langsam heranfahren, eine leere Zigarettenpackung aus dem Fenster halten, das Tempo weiter verlangsamen und sie ihnen zuwerfen, dann auf Teufel komm raus beschleunigen und im Rückspiegel beobachten, wie sie sich um die »Zigaretten« balgten. Wenn sie den Trick durchschaut hatten, waren wir nur noch eine Staubwolke. Leider erging es der nächsten Gruppe nicht besser.

Das Gebiet um den Van-See war einsam und von einer wilden Schönheit. Wir stoppten am See und entdeckten riesige Schildkröten, die nicht nur schnell laufen konnten, sondern auch scharfe Zähne hatten. Die Abneigung gegenüber Fremden war hier weit verbreitet: Als die Sonne über dem See versank, erschien ein Lkw, und wir wurden mit Holz und Zaunplatten beworfen. Glücklicherweise kam die örtliche Polizei vorbei und rettete uns, bestand aber darauf, dass wir die Nacht in der Polizeistation verbrachten. Die Männer erzählten uns, dass man nicht wild campen solle, da in dieser Region Banditen unterwegs seien. Im vergangenen Monat sei ein Paar angegriffen und ausgeraubt, die Frau sei vergewaltigt worden.

Nach einer Kollision mit einem Ochsenkarren, der an seinen Radnaben lange, scharfe Messer wie bei einem Streitwagen befestigt hatte, entschlossen wir uns, schleunigst weiter in den Iran zu fahren. Der Zusammenstoß hinterließ eine hässliche Schramme auf einer Seite des Campers, aber wir waren froh, so leicht davongekommen zu sein. Unsere letzte Erinnerung an die Osttürkei war, dass Sam plötzlich einen Toilettenstopp benötigte. Wir hielten in der Nähe einiger Felsen weitab jeglicher Zivilisation und Sam verschwand, während wir Tee kochten. Plötzlich hörten wir lautes Bellen und Rufen. Als wir aufblickten, sahen wir Sam in vollem Tempo auf uns zurennen, seine Hose fest umklammert und dicht gefolgt von drei riesigen Hunden mit Halsbändern, die mit langen Dornen versehen waren. Er schaffte es gerade noch in den Bus und konnte die Tür schließen, bevor der erste Hund da war. Die Tiere belagerten jetzt den Wagen und liefen um Momo herum, knurrten und sprangen an den Fenstern hoch. Schließlich entschieden wir, die Dinge, die noch draußen waren, zurückzulassen, und machten uns auf den Weg zur Grenze.

Nach längerer Wartezeit, während der unsere Papiere überprüft wurden (kürzer als fünf Stunden hat es an der Grenze nie gedauert), fuhren wir auf einer relativ luxuriösen Asphaltstraße in den Iran.

Umgekippte Fahrzeuge am Straßenrand wie dieses im Iran waren ein fast alltäglicher Anblick auf der Reise.

Wir hatten uns vorgenommen, in Täbris, der ersten größeren Stadt, anzuhalten, rechneten aber nicht damit, dass der Besuch des Schahs in der Region ein solches Chaos hervorrufen und alles zum Stillstand bringen könnte. Bereits zur damaligen Zeit war klar, dass nicht alles in diesem Land in Ordnung war, in dem die Bevölkerung von der Polizei mit Waffengewalt gezwungen wurde, am Straßenrand zu stehen und der vorbeiziehenden Parade zuzujubeln.

Als wir Teheran erreichten, entschlossen wir uns, für die längst überfälligen Reparaturen eine Ruhepause einzulegen. Aufgrund des weltweiten VW-Kundendienstnetzes bekamen wir alle benötigten Teile beim Volkswagen-Händler vor Ort, während ein Paar, das mit einem Land Rover unterwegs war, bereits sechs Wochen auf die Ankunft der Teile aus England wartete. Das Fahren in Teheran war der reine Albtraum: Es schien dort ein Wettbewerb zu herrschen, wer am schnellsten war oder die meisten roten Ampeln überfuhr. Nachdem wir herausgefunden hatten, dass es einige Zeit dauern würde, bis wir unsere Visa für Afghanistan erhielten, entschlossen wir uns, in den Süden nach Isfahan zu fahren. Wir verabschiedeten uns also von Sam, dessem Budget und Zeit begrenzt war und der sich deshalb entschlossen hatte, mit dem Bus nach Osten zu fahren.

Trotz wachsender politischer Unruhen war die iranische Bevölkerung durchweg gastfreundlich. Beim Weg nach Süden sahen wir nichts als ein endloses schwarzes Band, das sich in die Ferne erstreckte. Es war eingerahmt von jeder möglichen Schattierung von Beige und Ocker. Manchmal flankierten riesige Gebirgsketten die Straße, meist aber war die Landschaft trist und öde. Isfahan war eine Oase von Farben inmitten dieser Einöde. Grüne Bäume und blendende Kuppeln mit türkisfarbenen Mosaiken beherrschten das Stadtbild. Alles war sauber und frisch. Wir übernachteten auf dem Gelände eines Hotels und verbrachten dort einige Tage, um Geschichten mit anderen Travellern auszutauschen. Auf ihre Empfehlung hin entschieden wir uns, die Ruinen von Persepolis, der antiken Hauptstadt von Persien, zu besichtigen.

Das bedeutete eine weitere lange, staubige Fahrt durch die endlose Landschaft aus Felsen, Sand und Gebirgsketten, die allerdings mit einem Highlight endete. Während wir durch die Ruinen, umgestürzte Säulen und aufwendig verzierte Steine wanderten,

Die meisten Straßen in der Osttürkei bestehen aus Schotter, Staub und Schlaglöchern.

Nomadencamp im Süden des Iran, deren Bewohner plötzlich unangenehm wurden.

konnten wir nur staunen, was aus dieser reichen Zivilisation geworden und welche Fähigkeiten vor so langer Zeit verloren gegangen waren.

Wir trafen auf Gruppen von Nomaden, die Kamelherden hüteten, und beschlossen, anzuhalten und ein wenig zu fotografieren. Sofort waren wir von bunt gekleideten Frauen und kleinen Kindern umgeben, die den Bulli umringten und Kleidungsstücke, Teppiche, Melonen und Tee anboten. Unglücklicherweise klemmte sich ein kleiner Junge einen Finger am Türpfosten ein und fing entsetzlich an zu schreien. Sofort schlug die Stimmung um, und es tauchten mit Stöcken bewaffnete Männer aus den Zelten auf. Eine alte Frau (wahrscheinlich die Älteste) mobilisierte die Menge und schlug mit ihrem Stock auf den Van ein. Wir schlossen die Fenster, gaben Gas und wirbelten eine Wolke von Staub und Geröll auf, während uns einige Stöcke nachgeworfen wurden.

Fortan machten wir um Nomaden-Camps einen großen Bogen und fuhren nach Teheran zurück, um dort unsere Visa abzuholen und dann entlang des Kaspischen Meeres und über Mesched nach Afghanistan weiterzufahren. Es gab zwar eine Strecke, die ziemlich direkt nach Osten führte, aber auf schlechter Straße durch die Wüste und mit der nächsten Tankstelle in 500 Kilometer Entfernung. Obwohl wir für solche Zwecke Reservekanister dabei hatten, wählten wir lieber die längere, asphaltierte Strecke. Am Kaspischen Meer fuhren wir noch einmal in östliche Richtung und weiter der aufgehenden Sonne entgegen. Das war das erste Mal, dass wir eine Reifenpanne hatten, aber mit zwei Reserverädern auf dem Dachgepäckträger – einer Spezialanfertigung der Handwerksklasse meiner ehemaligen Schule – war das kein Problem. Mesched war voll mit Pilgern, und betrügerische Händler boten Gebetsteppiche und türkischen Schmuck an. Naiv, wie wir waren, war uns nicht bewusst, dass Spaziergänge durch die Teppich- und Schmuckwerkstätten meist mit einem hohen Verkaufsdruck auf die potenziellen Kunden endeten, sodass wir schließlich glücklich waren, nur einige kleine Schmucksteine gekauft zu haben.

Und dann waren wir in Afghanistan. Von allen Ländern, die wir je durchfuhren, war Afghanistan das Kronjuwel. Wir fühlen uns noch immer privilegiert, weil wir mit der Kultur, den Bräuchen, den Menschen und der Landschaft dieses stolzen und wilden Landes Bekanntschaft machen durften, von dem heute viel zerstört ist. Viele der Orte, die wir 1976 friedlich bereist haben, sind heute nicht mehr wiederzuerkennen.

Sobald wir in Afghanistan waren, schien die Zeit stehen geblieben zu sein. Wir hatten auf der Reise teilweise das Gefühl für die Zeit verloren, aber wir waren reisemüde, und als wir in Herat ankamen, verfielen wir in eine Routine der Ruhe und Entspannung. Wir verbrachten die Tage, indem wir durch die Straßen und über die Märkte der alten Stadt schlenderten, die Stadtmauern und Ruinen erkundeten, in Teehäusern saßen und die Welt an uns vorüberziehen ließen oder schwatzend unter schattigem Weinlaub im Garten des Friends-Hotels saßen. Der Pelikan des Hotelbesitzers konnte uns stundenlang unterhalten, besonders, weil er alles stahl, was er in seinen Kehlsack bekam. Wir freuten uns jeden Morgen, dass wir sogar duschen konnten, bis wir entdeckten, dass der Wassertank aus dem Teich des Pelikans aufgefüllt wurde. Ein einarmiger, einbeiniger Zigarettenverkäufer besuchte uns jeden Tag mit seinem Rollstuhl – und jeden Tag handelten wir den Preis weiter herunter. Wir fragten uns, ob wir irgendwann den Punkt erreichen würden, an dem er uns die Zigaretten umsonst überließ.

Das Paar, das wir in Teheran getroffen hatten, als es auf die Ersatzteile für seinen Land Rover wartete, kam vorbei und beschloss, mit dem Wagen ins Gebirge zu fahren. Zwei Tage später kamen die beiden mit einer gebrochenen Antriebswelle zurück, während ein VW-Bus, der mit ihnen gemeinsam zu dieser Fahrt aufgebrochen war, unversehrt zurückkehrte. Ein weiterer VW-Camper kam in Herat an, der die Nordroute über Masar-i-Scharif genommen hatte. Die Gebirgsstraßen waren so grauenhaft, dass der Bus an einer Stelle von der Straße abgekommen war und sich mehrmals seitlich überschlagen hatte. Erstaunlicherweise war dabei niemand verletzt worden, und ein einheimischer Lastwagen und viele hilfreiche Hände hatten den Bus wieder auf die Straße zurückgebracht. Das Fahrgestell und das Dach sahen wie ein zerbeulter Karton aus, aber die Insassen waren sich sicher, dass der Wagen sie wieder nach Europa bringen würde. Reisende kamen und gingen, und wir waren glücklich und kosteten es aus, nach solch einer langen Reise an einem Ort bleiben zu können – bis uns plötzlich klar wurde, dass wir bereits zwei volle Wochen in Herat waren und unsere Visa nach zwei weiteren Wochen abliefen.

Um nach Kabul zu kommen, mussten wir eine lange Strecke in südliche Richtung nach Kandahar fahren. Bevor wir vom Schicksal des Busses, der die kürzere, nördliche Strecke genommen hatte, gehört hatten, stand für uns bereits fest, dass diese Route zu schwierig für uns war. Die von den Russen gebaute Asphaltstraße, für die wir uns entschieden, schnitt eine Gerade durch das unwirtliche Terrain aus Gebirge, Wüste und Gestrüpp. Aus Lehm gebaute Dörfer verschwammen mit der Landschaft, das schwarze Band, das sich vor uns erstreckte, geriet unter der Hitze ins Flimmern und bewegte sich wie eine Schlange, und die Menschen lebten hier wie vor Jahrhunderten.

Auf einem Pass trafen wir ein französisches Paar, das mit dem Fahrrad unterwegs war. Auf meine Bemerkung, dass dies doch sehr mutig sei, antworteten die beiden philosophisch: »Manchmal muss man mutig sein!« Wir jedoch waren froh über die umfassende Sicherheit, die unser kleiner, vertrauenswürdiger Camper uns bot. Vor einem Leistungsabfall des Motors in großen Höhen waren wir gewarnt worden, hatten aber nie Probleme damit. Das afghanische Benzin war qualitativ minderwertig mit nur 70 Oktan – was den Motoren der VW-Busse der zweiten Generation, mit denen wir jetzt im Konvoi nach Kabul fuhren, große Probleme bereitete – sie stotterten und setzten aus –, aber Momo nahm das alles klaglos hin.

Unser Aufenthalt in Kandahar war nur wegen eines schweren Anfalls von Durchfall bei Cee bemerkenswert und wegen der vier Stunden, die man brauchte, um Geld zu wechseln. Cee ging es zu schlecht, um weiterfahren zu können, und unsere neuen Freunde entschieden sich, bei uns zu bleiben, obwohl auch ihre Visa abliefen. Schließlich erreichten wir auf einer relativ guten, von den Amerikanern gebauten Straße Kabul.

Sturzfluten waren hier offensichtlich eine normale Erscheinung, denn als die Straße auf ein Wadi (ein Flusstal, das außerhalb der Regenzeit trocken fällt) traf, war sie plötzlich zu Ende; ein unbefestigter Pfad, der normalerweise mit Geröll übersät war, durchquerte das Wadi, und die Asphaltstraße setzte sich auf der anderen Seite fort. Als wir uns Kabul näherten, wurde der Verkehr dichter – Kamelkarawanen und Ochsenkarren kämpften mit bunt bemalten Lastwagen und Kleinbussen um den Platz auf der Straße. Wir mussten uns sehr behutsam unseren Weg bahnen.

Kabul war immer ein Kreuzungspunkt für die Reisenden zum Hindukusch gewesen, und seine Straßen waren bunt, laut und dicht bevölkert. Wir fanden einen ausgezeichneten Campingplatz auf einem Hotelgelände mitten in der Innenstadt, und ich machte mich auf den Weg, um etwas zu essen für Cee zu besorgen, deren Magen sich langsam erholte. Zu meiner Überraschung verkauften die Geschäfte alles Mögliche – ich kam mit einer Büchse Campbell's Hühnersuppe für Cee zurück und einem riesigen Zitronenbaiser für mich selbst. Wir fühlten uns zu keiner Zeit in Kabul unsicher, machten aber um Hunde einen großen Bogen, da wir von Tollwut gehört hatten. Der Tschador wurde von vielen Frauen getragen – dennoch wurde Cee häufig von Frauen, die mit Ausnahme der Augen komplett verschleiert waren, in perfektem Englisch angesprochen. Sie alle waren von dem, was im Westen passierte, fasziniert – ein seltsames Paradoxon.

Wir zogen Erkundigungen über die Straße nach Bamiyan und Band-i-Amir ein und kamen zu dem Schluss, dass es besser sei, mit dem Bus zu fahren – und waren sehr froh, dass wir uns so entschieden hatten. Der Kleinbus holperte und kletterte einen schrecklichen Weg (manchmal ohne sichtbare Straße) hinauf und hielt alle paar Kilometer an, um Dorfbewohner mitzunehmen. Einmal saßen zehn Leute und zwei Ziegen auf dem Dach des Wagens. Jede Stunde hielt der Bus für 15 Minuten zum Gebet an. Schließlich, nach acht harten Fahrstunden, verengten sich die Felswände, und wir fuhren in eine nur 2,5 Meter breite Schlucht. Als die Felswände schließlich wieder zurücktraten, lag vor uns das fruchtbare und spektakuläre Bamiyan-Tal, das von zwei großen direkt in den Felsen gemeißelten Buddhastatuen beherrscht war.

Der Sonnenaufgang über den Buddhas gehört zu den bewegendsten Momenten meines Lebens. Beim Aufstieg der Sonne konnte man buchstäblich die Dunkelheit vor Augen weichen sehen. Das Gestirn brachte Leben und Farbe in die Welt, und während es über den Kliffrand kletterte, verlieh es den schattenhaften Statuen Energie, Gestalt und Materialität. Ich meinte die Jahrhunderte zu spüren, die sie hier standen, und obwohl die Statuen in den Jahrhunderten zuvor vom Islam buchstäblich gesichtslos gemacht worden waren, hatten sie nichts von ihrer großartigen Schönheit verloren. Auf eine seltsame Art hatte sie die Gesichtslosigkeit mysteriöser und mächtiger gemacht.

Die Buddhas von Bamiyan existieren nicht mehr. Religiöse Eiferer haben ihnen die Gesichter genommen, religiöse Fanatiker haben sie vollständig zerstört. Die Taliban feuerten Raketensalve auf Raketensalve auf das Kliff, und eines der alten Weltwunder ist seitdem unwiederbringlich verloren. Aber wie Buddha selbst sagte, alles ist Veränderung. Alles geht vorüber. Aber meine Erinnerungen bleiben.

Wir hatten von den berühmten Seen von Band-i-Amir gehört, aber nichts hatte uns auf den unwirklichen Teppich von Seen und Bergen vorbereitet, der jetzt vor uns lag. Mitten im Herzen des Hindukusch, auf 2700 Meter Höhe, sahen die Seen aus wie Perlen aus Lapislazuli in einer von Dalí gemalten Landschaft. Es war ein Einheimischer, der uns sagte: »Ich weiß nicht, warum ihr Touristen so viel Angst vor uns habt. Wir töten nur zwei oder drei von euch pro Jahr.« Das Verrückte war, dass er keinen Scherz machte. Wir kamen zurück nach Kabul und fühlten uns demütig und bedeutungslos. Der Camper war jetzt bereit für weitere Abenteuer, und drei Tage vor Ablauf unserer Visa verließen wir Kabul in Richtung Khaiberpass und Grenze. Wir kamen an vielen Werkstätten vorbei, die Service für VWs anboten. Das klang zu schön, um wahr zu sein – und war es auch. Zwei lange Erdhügel mit einer Grube dazwischen bildeten den Prüfstand, und der Mechaniker dürfte nicht über 16 Jahre alt gewesen sein. Ich überwachte seine Arbeit mit versteinerter Miene, aber als er an den flexiblen Bremsleitungen zerrte und sie entfernen wollte, brach ich die Inspektion lieber ab, bevor ein Unglück geschah. Wir führten anschließend die Inspektion auf dem Campingplatz selbst durch. Erstaunlicherweise gab es sogar einen Volkswagen-Händler in Kabul – er baute neue Stoßdämpfer und eine Batterie (die er im Basar gekauft hatte) in den Bus unserer Freunde ein und führte einige dringend erforderliche Schweißarbeiten am Batterieträger aus, der jeden Moment durch das Chassis zu fallen drohte.

Wir mussten auch unseren Vorratsbehälter für das Campinggas befüllen und taten das im örtlichen Calor-Gasladen. Man füllte unsere Flasche für ein paar Pence. Das Problem war nur, dass die Flasche nicht gewogen wurde, um festzustellen, wann sie voll war. Die Leute füllten sie so weit, bis kein Gas mehr hineinging und das Gas aus dem Überdruckventil ausströmte. Wenn man bedenkt, dass der Gaszylinder im Motorraum untergebracht war, war das ein wenig angsteinflößend. Das Ventil zischte den ganzen Tag, bevor wir uns entschlossen, Gas über das Ventil abzulassen, indem wir mit einem Schraubenzieher darin herumstocherten.

Der Khaiberpass war so wild, wie er in Filmen aussah. Bärtige Stammesangehörige saßen mit Gewehren und Patronengurten über der Schulter in Jeeps und hupten, wenn sie an einer gefährlichen Stelle überholten oder an unübersichtliche Kurven kamen. Haarnadelkurve an Haarnadelkurve wand sich die Straße den Berg hinauf, und wir rechneten jeden Moment damit, dass eine Truppe rot gekleideter britischer Soldaten hinter einer Biegung auftauchte.

In Peschawar fanden wir einen Dak-Bungalow (eine Unterkunft für Reisende), waren aber ein wenig beunruhigt, dass er mit bewaffneten Truppen (die eher wie Banditen aussahen) belegt war. Augenscheinlich gab er eine lokale Blutfehde und man wollte sicherstellen, dass wir nicht ins Kreuzfeuer gerieten. Beim ersten Morgengrauen verließen wir die Hütte.

Der Pelikan des Hotelbesitzers und der Zigaretten-verkäufer im Garten unseres Hotels in Herat.

Beim ersten Anblick sieht Band-i-Amir fast wie ein Gemälde aus.

Natürliche Dämme begrenzen die Seen von Band-i-Amir.

Hoch oben im Hindukusch kann es sehr kalt werden.

Afghanische und pakistanische Lastwagen sind Kunstwerke, dekoriert mit religiösen und Glückssymbolen.

Die Straße ins Gebirge in der Nähe des Dal-Sees in Kaschmir.

Hausboote auf dem Dal-See in Kaschmir.

Der Große Buddha von Bamiyan. Leider wurden beide Buddhas von den Taliban zerstört.

Typische Szene am Rande der Grand Trunk Road, Indien.

Die Rückreise in Winterkleidung war ein Wettlauf gegen die Zeit in Schnee und Sturm.

Nach der öden Wüstenei, die wir durchreist hatten, ergriff Pakistan unsere Sinne mit seiner Betriebsamkeit – alles schien beschäftigt und in Bewegung. In den Straßen drängten sich bunt und laut die Kühe, Ochsenkarren, Esel, Rikschas und Menschen. Wir hatten noch nie so viele Leute gesehen. Überall, wo wir hinkamen, wollte man mit uns sprechen oder uns einfach nur anstarren. Selbst wenn wir in einem scheinbar einsamen Landstrich kurz hielten, um auszutreten oder eine Tasse Tee zu trinken, drängte sich binnen weniger Minuten wie durch Zauberei eine Menschenmenge um uns. Die Lieblingsfragen waren die nach dem derzeitigen Liebesleben von Elizabeth Taylor (die Leute nahmen an, dass wir sie persönlich kennen müssten, da wir Engländer seien), oder ob wir einen Cousin/Bruder/Onkel getroffen hätten, der in London/Birmingham/Bradford lebte. Zu dieser Zeit trat bei Momo das einzige weitere Problem der gesamten Reise auf, ein klemmender Magnetschalter des Anlassers – wenn man den Zündschlüssel umdrehte, hörte man nur ein lautes »Klick«. Glücklicherweise gab es immer eine Menge Freiwilliger, die uns anschoben.

Die Straßen waren von Händlern gesäumt, die alles und jedes anboten. Cee hatte etwas gesehen, was wie ein Nachtlicht aussah, als wir jedoch näher kamen, zog der Verkäufer ein Handtuch ab, und die »Dochte« flogen in einer dunklen Wolke in die Luft – was wir gesehen hatten, waren runde Zuckerklumpen, die mit Fliegen übersät waren.

Schließlich fuhren wir zur Grenze weiter und mussten feststellen, dass Indien den Notstand ausgerufen hatte. Die Zöllner weigerten sich, jemanden ins Land zu lassen, aber ein Bündel Rupien, im Reisepass versteckt, half uns weiter: Wir konnten binnen weniger Stunden unseren Weg fortsetzen. Endlich waren wir in Indien.

Das Fahren auf der Grand Trunk Road war eine weitere neue Erfahrung. Die Straße bestand aus Asphalt, allerdings mit Schlaglöchern, und war kaum breiter als ein Lkw. Es gab nur eine Technik, sie zu befahren: Man musste sich direkt in der Mitte der Straße halten und es auf eine Mutprobe mit jedem entgegenkommenden Lkw oder Bus ankommen lassen. Wenn man zu früh zu einer Seite auswich, blieb der Lkw einfach in der Mitte und drängte einen von den Straße ab. Das Ziel für beide Fahrzeuge war, erst in letzter Minute Platz zu machen, sodass nur eine Reifenspur auf dem rauen Schotter am Straßenrand verlief. Was noch schlimmer war, die Fußgänger schienen die Autos nicht zu bemerken – wir wünschten, wir hätten eine große Fanfare dabei gehabt. Als wir uns nach Norden in Richtung Kaschmir wandten, waren wir etwas reisemüde, aber die Straße, die wir jetzt befahren mussten, war die schlimmste überhaupt.

Die Straße nach Kaschmir windet sich 240 Kilometer durch Schluchten, Täler und über Pässe, mit steilen An- und Abstiegen samt Haarnadelkurven. Manchmal »klebt« sie gefährlich am Berg, mit abschüssigen Abhängen zu einem tiefer verlaufenden Fluss, während sie sich an anderen Stellen durch weite Täler windet, an deren beiden Seiten Terrassen mit Reisfeldern aufsteigen. An vielen Stellen ist sie gerade breit genug für ein Auto, und die Fahrzeugwracks am Straßenrand legen Zeugnis davon ab, wie gefährlich es ist, auf dieser Straße zu fahren. Mehrmals mussten wir anhalten, weil Dorfbewohner mit Reparaturarbeiten beschäftigt waren, wo die Straße einfach weggerutscht war: Die Frauen schafften Steine heran, die die Männer dann zerkleinerten. Glücklicherweise (?) musste die Straße instand gehalten werden, weil sie vom Militär benutzt wurde, das bedeutete aber auch, dass wir manchmal anhalten mussten, um einen Konvoi von 50 Lkws mit Soldaten und Ausrüstung vorbeizulassen. Nach zwei Tagen schrecklicher Bodenwellen und anstrengenden Fahrens erreichten wir den höchsten Punkt und kamen an einen einspurigen Tunnel.

Der Anblick, der uns nach dem Passieren des Tunnels erwartete, hat sich unauslöschlich in unsere Erinnerung eingebrannt. Vor uns lag ein grünes Tal, rundum eingeschlossen von schneebedeckten Berggipfeln, die sich in der Ferne in jede Richtung erstreckten. Die Sonne ging gerade unter und tauchte die entfernten Bergspitzen in Rosa und Gold gegen einen sich verdunkelnden blauen Himmel – ein atemberaubender Anblick.

Als wir in der Hauptstadt Srinagar (was wir, so sehr wir uns auch bemühten, nicht so aussprechen konnten wie die Einheimischen) eintrafen, erfuhren wir, dass wegen der unsicheren politischen Lage weiter nördlich Leh (»Klein Tibet«) und Ladakh für Fremde geschlossen waren. Das erklärte auch die vielen Truppentransporte auf der Straße. Glücklicherweise hatten wir, bevor wir aufgebrochen waren, dafür gesorgt, dass wir auf einem der Hausboote auf dem Dal-See bleiben konnten. Obwohl unser Ankunftstag nicht festgelegt worden war, hieß uns Mr. Razak mit offenen Armen willkommen und sorgte dafür, dass wir uns wohl fühlten. Es war jetzt Ende August, und die Touristensaison ging zu Ende, sodass wir einen günstigen Preis bekamen. Zum Fünf-Sterne-Komfort des Hausboots gehörten ein eigener Koch (ein ehemaliger indischer Militär) und ein Hausboot-Boy.

Nach vielen Wochen auf den Straßen war es jetzt an der Zeit, das Leben vorbeiziehen zu lassen und lediglich den Sonnenauf- und -untergang über den Bergen zu beobachten. Wir kauften billigen Schmuck und geschnitzte Kästchen in den Basaren, wir unterhielten uns in Teehäusern, wir aßen wie die Könige. Der Einfluss der Tage des Raj war noch immer zu spüren, und wir frönten dem Müßiggang wie reiche Leute und versuchten zugleich, unsere komfortable Existenz mit dem mühsamen und harten Leben um uns herum in Einklang zu bringen.

Mr. Razak verschaffte uns die Gelegenheit, zu Pferd zu den umliegenden Bergen und zum Kolahoi-Gletscher zu reiten; es war das einzige Mal, dass wir mit Momo in einem Dorf angekommen waren und unser kostbares Heim dort stehen ließen. Zunächst hatten wir die Dorfältesten verärgert, als wir uns ängstlich zeigten, Momo bei ihnen zurückzulassen, aber dann stellten sie uns Abdeckplanen und zwei bewaffnete Wächter für das Fahrzeug zur Verfügung und versicherten uns, dass es eine Ehre für sie sei, auf unser Heim aufzupassen – was blieb uns also übrig? Wir vertrauten ihnen, und bei unserer Rückkehr fanden wir eine strahlende Momo vor, die gerade gewaschen worden war.

Falsch eingeschätzt hatten wir auch die Trekkingtour auf dem Pferderücken, zumal niemand von uns jemals zuvor auf einem Pferd gesessen hatte. Glücklicherweise waren unsere Reittiere eher kleine Bergponys als Reitpferde, und sie waren extrem trittsicher. Das war besonders wichtig, denn der Pfad war noch schlechter als die Straße – und zwar so schlecht, dass ich auf einigen Abschnitten lieber zu Fuß ging.

Vom Basislager in einer Höhe von 3500 Metern konnten wir tief in das Gebirge hineinreiten oder -laufen, bis kurz unter den überwältigenden Kolahoi-Gipfel und -Gletscher. Am dritten Tag wollten wir zu einem kleinen See, wozu wir einige Pässe überwinden mussten, als es richtig kalt wurde. Unsere Führer sahen in den Himmel und tuschelten miteinander. Es wurde bald klar, dass das Wetter umschlug, und sie teilten uns mit, dass wir umkehren müssten. Wir machten schnell kehrt, doch schon bald ließ die Sicht nach, und wir waren von Wolken umgeben. Schließlich seilten wir uns aneinander an. Wir kamen gerade noch rechtzeitig im Basislager an, als es zu regnen begann. Während wir uns in unsere Schlafsäcke verkrochen, tobte um uns herum ein so starkes Gewitter, dass wir spürten, wie die Erde bebte. Am nächsten Morgen erwachten wir bei schönstem Sonnenschein, umgeben von 60 Zentimeter Schnee – aber ohne Pferde! Sie waren in dem Gewitter durchgegangen, und es dauerte vier Stunden, bis die Führer sie wiedergefunden hatten. Der Winter war angebrochen, und wir mussten die Berge verlassen, solange dies noch möglich war. Wie ernst die Lage war, spürten wir daran, dass die Führer uns zur Eile drängten. Statt zu lächeln und zu scherzen runzelten sie nun die Stirn und blickten ständig zum Himmel, der sich schon wieder schnell verdunkelte. Als wir ins Dorf zurückkamen, erfuhren wir, dass die Route, die wir gerade gegangen waren, jetzt bis zum Frühjahr unpassierbar sei.

Zurück auf dem Hausboot, wurde uns klar, dass wir, wenn wir nicht bald aufbrächen, den ganzen Winter eingeschneit sein würden. Auch wenn die indische Armee versuchte, die Straße offen zu halten, überstieg es unsere Vorstellungskraft, sie bei Schnee und Eis zurückzufahren. Und obwohl Kaschmir zeitlos und unbeschreiblich schön war, war es Zeit aufzubrechen. Wir verabschiedeten uns, inspizierten Momo und waren wieder auf der Straße.

Wir fuhren in den nördlichen Pandschab und bestaunten den Goldenen Tempel von Amritsar, bevor wir die Great Trunk Road nach Delhi nahmen. Jetzt fühlten wir uns wieder von den wimmelnden Menschenmassen überwältigt, von der schrecklichen Armut und dem Schmutz, den Kindern, die durch ihre Eltern zum Krüppel gemacht worden waren, um besser betteln zu können, und dem Gestank. Indien war schrecklich und schön zugleich. Wir liebten es, wir waren davon fasziniert, wir begegneten ihm mit Demut – aber wir hatten wieder einmal Sehnsucht nach weiten, offenen Plätzen. Das Weihnachtsfest rückte näher, und weil unsere Gedanken sich immer mehr unseren Familien und Freunden zu Hause zuwandten, mussten wir eine schwierige Entscheidung treffen: entweder nach England zurückzufahren, bevor es Winter und das Reisen in einigen Regionen (einschließlich der östlichen Türkei) unmöglich wurde, oder tiefer in Indien einzutauchen und erst im folgenden Frühjahr zurückzukehren. Wir entschieden, dass es Zeit sei, zurückzufahren.

Die Reise war eine erholsame Angelegenheit gewesen, ohne jeden Zwang. Wir lebten in den Tag hinein, die Zeit war unwichtig, und unsere innere Uhr hatte sich dem Lauf der Dinge angepasst. Die Rückreise sollte ganz anders verlaufen, da wir vor dem Winteranbruch davoneilten. Zuvor waren wir manchmal nur 80 Kilometer am Tag gefahren – nun fuhren wir täglich 700 Kilometer, um durch den Hindukusch, den Iran und die Osttürkei zu kommen, bevor das praktisch unmöglich war.

Die Grenzübertritte waren wilde Angelegenheiten. An der afghanischen Grenze mussten wir unser Fahrzeug auf einem staubigen Hof komplett entladen. Die Behörden stocherten in allem herum, brachen Momos Bleche auf und demontierten die Reifen. Als wir dagegen angehen wollten, wurden wir mit Achselzucken und Kommentaren abgefertigt wie: »Mich kümmert es nicht, ob hier einer oder zehn Wagen am Tag durchkommen. Haben Sie Whisky, Dollar oder *Playboy*-Magazine?« Nichts davon hatten wir. Schließlich erwiesen sich eine Fußpumpe und einige Kassettenbänder als das passende Schmiergeld, um die Stempel und Marken zu erhalten, und wir warfen buchstäblich alles wieder in den Wagen und flohen.

Als wir die iranische Seite erreichten, ging das Ganze von vorn los – obwohl es diesmal Metalltische waren, auf die alles abgestellt werden musste. Geschult von der CIA, verstanden die iranischen Behörden ihr Geschäft und gingen sehr methodisch vor. Sie hielten uns sogar die Hand aufs Herz, als sie uns befragten, um festzustellen, ob der Puls sich beschleunigte. Unser flüssiges OXO (Fleischextrakt) in einer Spenderflasche irritierte sie, und sie waren überzeugt, dass die schwarze, zähflüssige Substanz Hasch-Öl sein müsse. Sie rochen daran und probierten sie, bis Cee ihnen davon einen heißen Drink machte, worauf sie doch tatsächlich lächelten.

Ein amerikanisches Ehepaar, mit dem wir jetzt gemeinsam fuhren, hatte nicht so viel Glück. Die beiden diskutierten mit den afghanischen Grenzbehörden und schrieen sie an. Das war ein großer Fehler – wir hatten schon frühzeitig gelernt, dass das Zeigen mit dem Finger und lautes Reden ein todsicherer Weg war, um die Behörden zu provozieren. Die Beamten vom Zoll zerlegten den Mercedes-Camper der beiden komplett, einschließlich aller Blechteile ihrer eingebauten Dusche. Als sie schließlich am nächsten Tag in den Iran kamen und sahen, wie wir, umgeben von elegant gekleideten Beamten und bewaffneten Polizisten, unseren Wagen wieder vollluden, verhielten sie sich klugerweise ruhig!

Auf dem Hinweg hatte Momo mit extremer Hitze zu kämpfen gehabt, auf dem Rückweg war es extrem kalt. Das Butangas fror ein (glücklicherweise hatten wir Propangas nachgefüllt), und auch das Wasser gefror, sobald es im Tank war. Wir schliefen in unserer Kleidung im Schlafsack und zitterten trotzdem. Lkw-Fahrer zündeten jeden Morgen unter ihren Fahrzeugen Feuer an, um den Diesel zu verflüssigen, und bei einem Commer-Camper, mit dem wir einige Zeit gemeinsam reisten, brach der Zylinderblock, weil das Frostschutzmittel nicht ausreichte. Natürlich hatten wir diese Probleme nicht – der luftgekühlte VW-Camper wurde mit jeder extremen Temperatur fertig, obwohl die Heizung so schlecht war, dass es bei niedrigen Außentemperaturen im Auto nie richtig warm wurde. Wir fuhren buchstäblich von Sonnenauf- bis Sonnenuntergang mit Heißwasserflaschen und Decken auf dem Schoß, kratzten Eis von der Windschutzscheibe und rauchten Kette, um unsere Nerven zu beruhigen und die Finger zu wärmen.

Einen Tag nach dem größten Erdbeben, das die Region jemals erlebt hatte, erreichten wir die Osttürkei. Um die Lage noch zu verschärfen, lag die Temperatur bei minus 9 °C, und alles war mit Eis überzogen. Es gab kein Benzin, und als wir welches fanden, musste es von Hand gepumpt werden, da der Strom in der Gegend ausgefallen war.

Einen afghanischen Stempel im Pass zu haben war so, als hätte man die gefürchtete Schwarze Pest – an jeder Grenze sahen die Behörden unseren Pass durch, sahen den Stempel und befahlen uns, alles aus dem Wagen zu räumen. Griechenland war kalt und verschneit, Jugoslawien war ein Albtraum aus Nebel, Schnee und Eis. Wir hielten an, um einen gestrandeten VW abzuschleppen, und wurden prompt mit einem Bußgeld belegt, weil wir auf dem Autoput zu langsam fuhren. An der deutschen Grenze sagten wir, dass wir aus Griechenland kämen (was in gewisser Weise stimmte), aber ein Blick auf den afghanischen Stempel, und wieder musste alles aus dem Wagen geräumt werden. Man diskutierte lange, ob man uns überhaupt einreisen lassen könne, weil wir keine Schneeketten hatten. Nachdem wir die Grenze überquert hatten, fanden wir schnell heraus, warum. Selbst die Autobahnen durch die Alpen waren stundenlang blockiert.

30 Kilometer von der Kanalfähre entfernt, kamen wir in den schrecklichsten Hagelsturm, den wir jemals erlebt hatten. Der Sturm folgte uns, als wir den Kanal überquerten, und die Bar auf der Fähre war so leer wie die Mägen der meisten Passagiere. Als wir schließlich von Bord gingen, hob und senkte sich die Entladerampe vor uns in alarmierender Weise. Überraschenderweise waren die englischen Behörden nicht so richtig an uns interessiert. Selbst als wir versuchten, ihnen alle gekauften Mitbringsel zu zeigen, für den Fall, dass wir Zoll zu zahlen hätten, winkten sie uns durch. Momo hatte mit uns über 43 000 Kilometer zurückgelegt; unser Heim war wieder daheim.

Sechs Monate später mussten wir sie verkaufen, um die Anzahlung für ein Haus leisten zu können. Aber Reisen und ein VW-Camper gehörten jetzt für uns für immer zusammen. Es dauerte zwei Jahre, bis wir einen Ersatz fanden und Momo 2 kauften. Die Kinder des Verkäufers malten Bilder von ihrem geliebten Bulli und weinten. Das war 1978. Seitdem hat Momo 2 unsere drei Kinder und uns durch ganz Europa gefahren, und jetzt ist ein Enkelkind damit in den Ferien unterwegs. Wir können uns das Leben ohne den Campingbulli nicht mehr vorstellen, und während wir die lebhafte Bulliszene und die Treffen genießen, gehört es nach wie vor zu unserem Lebensstil, dahin zu gehen, wohin wir wollen, und da anzuhalten, wo es uns gefällt.

Die Autoren am Band-i-Amir-See. In einer Höhe von über 2700 Metern ist die Luft dünn, aber kristallklar wie die Seen.

2 Es liegt im Blut

Während einige in die VW-Camperwelt stolpern und andere sich bewusst für einen bestimmten Lebensstil entscheiden, gibt es einen harten Kern von Campern, die mit dem VW-Campingbulli aufgewachsen sind, mit ihm in den Familienurlaub gefahren sind und jetzt selbst einen Bus besitzen. Es ist fast so, als würden die VW-Camper-Gene an die nachfolgende Generation weitergegeben, oder, wie einige sagen würden: »Es liegt im Blut.« Veranlagung oder Erziehung? Oder beides?

Vom Vintage-Käfer zum Vanfest

Simon Holloways Geschichte ist ein klassisches Beispiel für jemanden, der von Kindesbeinen an unter dem Einfluss des Volkswagens stand. Während viele Volkswagen-Babys mit dem Camper aufwachsen oder in der zweiten oder dritten Generation als Besitzer zu ihm zurückkehren, ist Simon einen Schritt weitergegangen und einer der einflussreichsten Menschen in der VW-Camper-Szene geworden. Ohne Simons Antriebskraft und sein Engagement würde es keinen Type 2 Owners Club und kein Vanfest geben. Simon hatte die Vision, das größte Bulli-Festival weltweit zu schaffen. Diese Veranstaltung ist in VW-Bus-Kreisen mittlerweile legendär und ein Muss für alle Campervan-Besitzer.

Die Geschichte beginnt mit dem 1947er-Käfer von Simons Vater, mit dem dieser 1957 aus Deutschland nach Großbritannien kam. Es war ein CCG-Wagen (Control Commission for Germany), einer der ersten Käfer, der in der wieder angelaufenen Produktion in Wolfsburg vom Band gelaufen war. Wie alle frühen Volkswagen hatte er eine 6-Volt-Anlage und ein unsynchronisiertes Getriebe (damals gab es noch kein Synchrongetriebe!). Simon wurde auf dem Rücksitz des Wagens gezeugt, was erklären könnte, warum er VW im Blut hat.

1961 zog die Familie nach Aden (heute Jemen). Aber auch dort konnten die Holloways nicht ohne einen Volkswagen sein und kauften bald einen 1954er-Käfer mit Schiebedach (Segeltuch-Sonnendach). Sie lernten schnell, die Farbe mit einer Schicht Kokosnussöl davor zu schützen, dass sie in der Sonne ausblich und Blasen bildete. Simon, der damals fünf Jahre alt war, fuhr mit dem Käfer über die endlos langen arabischen Sandstrände. Weil er zu klein war, um durch die Windschutzscheibe sehen zu können, stand er auf dem Sitz und blickte durch das geöffnete Schiebedach. 1962 zog die Familie noch einmal um, diesmal nach Kenia, wo sie einen anderen VW-Käfer kaufte.

Bei ihrer Rückkehr nach England tauschte sie 1963 den Käfer gegen einen Campervan, die ideale Lösung für eine wachsende, von Volkswagen besessene Familie. Simon und sein Vater holten das jüngste Familienmitglied von einem Händler in Reading ab – einen brandneuen, rot-weiß lackierten Camper mit geteilter Windschutzscheibe, das neueste Modell der kurz zuvor fusionierten Firma Canterbury Pitt. Man taufte den Camper Victoria, und die Familie unternahm mit ihm in Großbritannien viele glückliche Urlaubsreisen. Die Holloways liebten das Fahrzeug so sehr, dass sie den Van, als sie Ende der 1960er-Jahre nach Malta zogen, mitnahmen.

1969 zog die Familie ein weiteres Mal um, diesmal nach Singapur. Der erste Versuch von Simons Vater, einen neuen VW zu kaufen, schlug wegen sprachlicher Missverständnisse fehl – er bestellte einen Variant bei dem chinesischen Händler, und man sagte ihm, dass »das kein Problem sei«. Als er jedoch zwei Wochen später den Wagen abholen wollte, stellte er fest, dass man ihm fälschlicherweise einen Valiant bestellt hatte – ein riesiges kanadisches Fahrzeug mit Flossen, den er, zum Entsetzen der Familie, so lange behalten wollte, bis er einen Volkswagen aufgetrieben hatte.

Es dauerte jedoch nicht lange, bis die Familie einen anderen Camper besaß, diesmal einen Kombi von 1964, der ursprünglich als CKD-Bausatz (Completely Knocked Down) in Australien montiert worden war. Dieser Bus hatte schon eine Überlandfahrt von Australien nach Großbritannien und zurück nach Singapur hinter sich, und weil er gut behandelt worden war, befand er sich auch noch in einem ausgezeichneten Zustand. Liebevoll Matilda genannt (weil er auf den Straßen Walzer tanzte), fuhr dieser Camper die Familie, die jetzt aus fünf Personen bestand, durch ganz Malaysia. Sein bescheidener Motor mit 1200 ccm ließ sie nie im Stich, selbst nicht auf den primitivsten Straßen. Die Holloways fuhren viel in abgelegene Gegenden, und Simon hat rege Erinnerungen daran, dass er an entfernten Stränden erwachte und sich die Einheimischen in Scharen um den Camper versammelt hatten, um die »Weißen« und ihr fremdartiges Fahrzeug zu bestaunen. Er erinnert sich auch an die Sonnenmarkise, eine primitive Vorrichtung, die in voller Länge im Dachgepäckträger verstaut wurde; zum Campen wurden die am Gestell befestigten Stützen und Pfosten herausgeklappt, und die Plane wurde darübergezogen – das war sehr stabil und einfach aufzubauen.

1971 kehrte die Familie nach Großbritannien zurück. Einen neuen Camper zu kaufen stand an oberster Stelle der Agenda. Diesmal war es ein Devon Bay, Baujahr 1968, der wegen seiner Farbe

Vorhergehende Seiten von links nach rechts:

Das Gute am Camper ist seine Vielseitigkeit – wie sonst kann man sein persönliches Flugzeug transportieren?
Ein Familien-Camper bei einer Familienhochzeit, aufgenommen 1960.
Über 3000 Campingwagen pilgern jedes Jahr im September zum Vanfest.
Moderne Farben für eine neue Generation von Eigentümern.
Camping in Malaysia 1969.

Der 1947er-Käfer am Bahnhof von Portpatrick, Galloway, Schottland (eine der ersten Anstellungen von Simons Vater, nachdem er 1957 nach Großbritannien zurückgekehrt war). Im Kinderwagen liegt Simon. Seine Mutter steht in der Tür des Caravans, der ihr Zuhause war, bis sie in ein ehemaliges Bahnhofsgebäude zogen.

Der Holloway-Käfer mit Schiebedach Baujahr 1954 in der Nähe von Ras Imran im Jahre 1962. Man folgte dem einheimischen Brauch, den Lack mit Kokosnussöl einzureiben, um ihn davor zu schützen, dass sich in der Hitze der arabischen Wüste Blasen bildeten.

Der erste Camper der Holloways, 1963 als Neuwagen gekauft, war eines der Canterbury-Pitt-Modelle.

Matilda verlässt Singapur in Richtung Großbritannien über Birma, Indien und den Khaiberpass, bemannt mit einem männlichen und zwei weiblichen Kiwis. Drei Monate später traf die Familie in Großbritannien ein, und es kam zu einem Wiedersehen mit dem Camper. Leider musste er kurz danach wegen eines Unfalls auf dem M4-Motorway abgeschrieben werden.

Simon mit seiner Mutter, seiner Schwester und einem Quasi-Familienmitglied auf der Ngong Hills-Straße bei Nairobi 1962.

Camping in Malaysia 1969.

Dieser Bulli gehörte so sehr zur Familie, dass sie ihn beim Umzug nach Malta mitnahm.

Bluebell auf einem Campingplatz in Littlehaven, Pembrokeshire, etwa 1974.

1997 arrangierte Simon das erste Massen-Display bei einem Vanfest: Mehr als 500 Camper wurden so aufgestellt, dass sie, aus der Luft betrachtet, ein Bild ergaben, welches das gerahmte VW-Logo und das Wort Vanfest zeigt. Das war ein Rekord. Er ging als eine Meisterleistung der Planung und Organisation in die Geschichte ein (gegenüberliegende Seite).

Die Holloway-Familie – die Begeisterung für Camper liegt ihnen im Blut.

Bluebell getauft wurde. Er blieb die nächsten 25 Jahre im Familienbesitz, kam mit ihr nach Deutschland zurück und gelangte schließlich nach Neuseeland.

Simon lernte in der Bluebell »offiziell« das Fahren (sowie andere Dinge, für die ein Teenager einen Camper gut gebrauchen konnte!). Alle Holloway-Kinder waren ihr zugetan, und wie ein Familienerbstück wurde der Camper den drei Kindern zur Nutzung übergeben, bevor er schließlich an eine junge Kiwi-Familie verkauft wurde. Heute ist er komplett restauriert und läuft noch immer in Australien.

Simon traf schließlich Audrey und heiratete sie. Da sie Probleme mit dem Kauf eines neuen Hauses hatten, erstanden sie zunächst einen mitgenommenen Devon-Camper, der ihnen vorübergehend als Unterkunft diente. Aus den ursprünglich vorgesehenen wenigen Wochen wurden allerdings einige Monate.

Da sich Simons Leben um Volkswagen und Camper drehte, war es keine Überraschung, dass er in der Club-Szene aktiv und Koordinator des »Bug-In«-Treffens (später hieß es BVF) wurde. Beim »Bug-In« 1990 präsentierte er sein erstes Display, das wie Show & Shine oder ein Concours d'Elegance zum regelmäßigen Beitrag der meisten Volkswagen-Treffen im Land wurde. Da das »Bug-In« zum 40-jährigen Jubiläum des VW-Busses stattfand, war die Präsentation einer Typ-2-Aufstellung gerade passend. Simon hatte sich wegen seiner Familie und aus Gründen der Geselligkeit dem Splitscreen-Fanclub angeschlossen, und die Begeisterung, die die Aufstellung ausgelöst hatte, machte deutlich, dass die nach 1967 gebauten Fahrzeuge eine ähnlich starke Repräsentanz benötigten. Das gab Simon den Impuls, einen neuen Club für die Besitzer solcher Busse zu gründen – und mit der Unterstützung einiger anderer engagierter Fans wurde der Type 2 Owners Club ins Leben gerufen.

Eine der Aufgaben, die der Club zunächst übernehmen wollte, war neben der Pflege von Freundschaften und der Unterstützung gleich gesinnter Camper-Besitzer die Organisation einer Ausstellung, die ausschließlich VW-Bussen gewidmet war. Das führte zur Ausrichtung der ultimativen Veranstaltung für Volkswagen-Bus- und -Camper-Freunde, des Vanfestes, das jedes Jahr im September am Fuß der atemberaubend schönen Malvern Hills in Worcestershire stattfindet. Das Fest wird mittlerweile von mehr als 18 000 Gästen mit über 3000 Campervans besucht, die alle kommen, um Spaß zu haben und ihre VW-Camper zu feiern. Sobald das Vanfest vorüber ist, machen sich Simon und sein engagiertes Team schon wieder an die Planung für das nächste Jahr.

Simon besitzt gegenwärtig zwei seltene VW-Busse. Der T3 Synchro hat einen Allradantrieb für Fahrten abseits der Straßen, der einen Land Rover neidisch werden lässt, während der Kemperink, eine nur in geringer Stückzahl in Holland gebaute Version, einen verlängerten Radstand aufweist. (Simons 17 Jahre alter Sohn Lloyd, der offensichtlich die VW-Gene geerbt hat, hat bereits ein Auge auf diesen Wagen geworfen.)

Der holländische Kemperink war ursprünglich ein »Brotlieferwagen«, bevor er zum Camper umgebaut wurde (ganz oben).

Simons Alltagsfahrzeug ist ein T3 Synchro mit Off-Road-Eigenschaften (oben).

Kindheitserinnerungen

Familien-Camping in den 1950er-Jahren.

Miles Newmans Familie besaß einen der ersten rechts gelenkten Busse, die nach Großbritannien importiert wurden, einen »Scheunentor«-Kombi Baujahr 1954/55 mit herausnehmbaren Sitzbänken. Obwohl er nicht als Camper ausgebaut war, nutzte die Familie ihn dennoch als solchen, indem sie die mittlere Sitzreihe herausnahm. Die Eltern ruhten auf dem Boden auf einer Luftmatratze, während ein Kind auf der vorderen Bank und das andere oberhalb des Motorraums schlief. Ende der 1950er-Jahre fuhr die Familie regelmäßig nach Wales und Schottland in den Urlaub. Dabei war der Bus mit einer Campingausrüstung vollgepackt. Zu Miles' frühesten Erinnerungen gehört ein Morgen, an dem er an einem verlassenen walisischen Strand im Camper erwachte, durch die Vorhänge blickte und ein kleines Kaninchen durch die Sanddünen rennen sah. Er malte Bilder von dem Kaninchen in den Feuchtigkeitsbeschlag, der sich über Nacht an der Fahrzeugdecke gebildet hatte, wobei Wassertropfen auf seinen Schlafsack aus Armeebeständen fielen. Als bleibende Erinnerung an seine Kindheit mit dem Camper blieb Miles eine Narbe innen an seiner Unterlippe zurück. Sie war das Ergebnis einer Kollision mit der Frontscheibe, als er auf dem Schoß seiner Mutter saß und sein Vater scharf bremsen musste. Er denkt auch gern daran zurück, wie sein Vater fälschlicherweise den am Boden montierten Abblendschalter statt der Kupplung betätigte und dabei entdeckte, dass sich der Wagen auch schalten ließ, ohne die Kupplung zu treten. Nachdem er die Drehzahl irgendwie angeglichen hatte, drückte er sanft den niedrigeren Gang hinein und unterdrückte dabei ein Lächeln.

Vier Jahre später erwarb die Familie eine grün-

Winter-Camping in den Cairngorms.

Sommerferien in den Alpen.

weiße Devon-Caravette. Im Vergleich mit der spartanischen Ausstattung des Kombis war die Caravette geradezu luxuriös, mit einem verkleideten Dach (es gab jetzt keine Kondensationstropfen mehr), guten Betten, einer Gasbeleuchtung und einem Kocher. Am stärksten im Gedächtnis haften blieb jedoch der markante Geruch, der, im Nachhinein betrachtet, wahrscheinlich von ausströmendem Gas stammte. Ein besonders bemerkenswertes Erlebnis mit diesem Camper hatte die Familie 1965: Auf der Rückreise von einem Tag Umweltschutzarbeit in der Nähe von Slimbridge mussten die Newmans über eine überschwemmte Straße fahren, weil der Severn über die Ufer getreten war. Nachdem sie sich vorsichtig um einige liegen gebliebene Wagen herummanövriert hatten, kam ein Lkw auf sie zu, mit einer Bugwelle, die so hoch war, dass sie die Front der Caravette traf und dann rechts weiter über das Dach lief. Glücklicherweise tuckerte der Motor weiter.

Miles spricht von *Alice's Restaurant* als einem Film, der ihn 1970 tief bewegte, funktionierte er doch als Resonanzboden für seine frühen Erinnerungen an das Leben im VW-Bulli. Trotzdem dauerte es 30 Jahre, bis Miles seinen eigenen Camper kaufte, eine beeindruckende T3-Freizeitversion. Jetzt erlebt er wieder das Gefühl der Schrankenlosigkeit, das er aus seiner Kindheit kennt, und fährt und campt mit seiner Frau Jo, so oft es geht – in heftigen Schneestürmen im winterlichen Schottland oder in der sommerlichen Sonne Italiens. Obwohl der Camper so ausgestattet ist, dass er die Grundbedürfnisse befriedigt, meint Miles: »Unser T3 ist zweifellos der beste Van der Welt, aber manchmal frage ich mich, ob wir wirklich mehr brauchen als einen Kastenwagen, eine Markise, eine Luftmatratze, ein Waschbecken und einen Primus-Kocher.«

Wie der Vater, so der Sohn

Der Bulli war das perfekte Fahrzeug für die neue Art des Familienurlaubs in den 1960er-Jahren, und die Familie Ward war der typische Caravan-Besitzer jener Tage. Die Wards kauften 1963 ihren ersten Devon und ersetzten ihn 1966 durch ein neueres Devon-Modell, zu dessen Verbesserungen ab Werk eine 12-Volt-Anlage gehörte. Damals verlebte die Familie die Ferien gemeinsam, oft in Wales und Schottland.

Als die neue Generation des Busses im August 1967 auf den Markt kam, bedrängte Alan (damals 18 Jahre alt) seinen Vater Ray, den T1 gegen das neuere Modell auszutauschen, indem er ihm die Geschwindigkeit, die Straßenlage und all die Rundumverbesserungen wie zum Beispiel die unabhängige Hinterradaufhängung schmackhaft machte. Das war keine leichte Aufgabe, zumal Ray keinen Grund sah, sich von etwas zu trennen, das zuverlässig und ihm ans Herz gewachsen war. Raymond Ward war kein Mensch der schnellen Entschlüsse und erwog sorgfältig die Vorzüge der Camper von Danbury und Dormobile. Keines der Fahrzeuge reichte jedoch hinsichtlich Stil, Luxus und Aussehen an den neuen Devon Eurovette heran. Zur Standardausstattung gehörte sogar ein Backofen! Die Wards bestellten ihn im Oktober 1967, aber es wurde März 1968, bis die Familie ihren dritten VW-Devon übernehmen konnte. Der Preis von 1331 Pfund wurde durch die Inzahlungnahme des Campers von 1966 für 950 Pfund gemildert. Dieser wurde so schnell wieder verkauft, dass bereits jemand im Hof auf die Auslieferung des Wagens wartete, als Ray seinen neuen Devon abholte.

In den folgenden Jahren ließ sich Ray von seinem Händler eine Reihe von Extras und Besonderheiten einbauen, wie zum Beispiel einen schmalen schwarzen Streifen rund um die Gürtellinie des Wagens, eine Heckscheibenheizung, ein Radio und einen Batteriewechsler, der den Austausch der Batterie durch einfaches Umschalten an Ort und Stelle ermöglichte. Auch Rückfahrscheinwerfer wurden angebaut und ein Abzeichenträger für die Metallplaketten des RAC und AA. Das Reserverad ließ er aus seiner Plastikbefestigung auf das Frontende versetzen. Auf diese Weise wollte Ray den Vorderwagen vor Steinschlag schützen. 1974 musste eine Entscheidung zwischen einem Achtspurtonband und einem Kassettengerät getroffen werden (das war ein Glaubenskrieg wie zwischen Betamax- und VHS-Videogeräten – keiner konnte wissen, was sich durchsetzen würde). Glücklicherweise entschied sich Raymond für das neuartige Kassettengerät, und der Camper hat auch heute noch diese funktionierende Ausstattung. Ein weiteres interessantes Ausstattungsdetail ist ein auf das Armaturenbrett montierter Kompass, dessen Beleuchtung angeht, wenn die Scheinwerfer eingeschaltet sind.

Ray war fanatisch in seinem Bemühen, »den Volkswagen«, wie der Camper genannt wurde, makellos zu erhalten. Bei Regen verließ der Camper nicht die Garage, und wenn es einen unerwarteten Regenguss gab, wurde er, sobald er wieder in der Garage war, mit einem Fensterleder abgetrocknet – egal, ob Tag oder Nacht. Auch bei Schrammen reagierte Ray sehr emotional. Als der Bus bei einer Urlaubsreise einmal auf einem Parkplatz in Cornwall stand, blieb Ray jede Nacht auf, um ihn zu bewachen. Man stelle sich seine Verzweiflung vor, als der Wagen in der letzten Urlaubsnacht einen leichten Kratzer an der Fahrertür erhielt. Und man mag sich die Diskussion zu Hause kaum ausmalen, als Allan beim Zurücksetzen gegen ein Motorrad fuhr und die Motorraumklappe eine winzige Beule bekam.

Als die älteste Tochter 1975 nach Durham aufs College kam, entschied Ray, dass der Camper nicht mehr groß genug für die Familienferien sei, wenn man sie in den Urlaub mitnahm. Er brachte deshalb den Bus zur Firma Devon in Sidmouth und ließ für 195 Pfund ein Hubdach mit Hängematten-Schlafkojen einbauen. Aber die Kojen wurden höchstens ein- oder zweimal benutzt.

1985 erlitt Ray einen Schlaganfall, und der Camper wurde in der Garage abgestellt. 2004 starb seine Frau Brenda, und nur 18 Tage später folgte ihr Ray. Und so kam »der Volkswagen« in die Obhut ihres Sohnes Allan, was bereits lange zuvor festgelegt worden war. Allan hatte zunächst einige Probleme, den Camper, der fast 20 Jahre gestanden hatte, wieder zum Laufen zu bringen. Die Bremsen saßen fest, und der Motor drehte nicht. Erstere wurden jedoch wieder gängig gemacht, indem der Bus einfach vor und zurück geschaukelt wurde. In die Brennräume wurde etwas Öl geträufelt, und der Motor wurde von Hand an der Riemenscheibe gedreht. Es wurde eine neue Batterie eingebaut, der Zündschlüssel herumgedreht und bingo – der Motor zündete auf Anhieb, mit 20 Jahre altem Benzin. Das ist eben ein VW!

Weil Ray seinen Camper so liebevoll umsorgt hatte, ist auch heute noch alles so, wie es war: Abgesehen davon, dass die Farbe an einigen Stellen etwas ausgeblichen ist, sieht der Wagen so aus, als hätte er gerade den Ausstellungsraum des VW-Händlers verlassen. Das Interieur ist makellos: Sogar das Waschbecken aus Plastik, das Original-Geschirr aus Melamin, das Besteck aus Edelstahl im Original-Besteckkasten und die Markise im Original-Kasten sind erhalten. Der Mechanismus, mit dem das Dach aufgestellt wird, funktioniert noch genauso wie am ersten Tag, und es gibt keinen Flecken oder Kratzer an Innenausstattung und Polsterung. Ein Ausstattungsdetail, das in den meisten Campern der damaligen Zeit nicht vorhanden ist, ist der herausnehmbare Backofen – etwas, was selbst der neue T5-Volkswagen-Camper nicht zu bieten hat.

Mit 67 653 Kilometern auf dem Tacho wird es schwer werden, ein solch perfektes Exemplar zu finden; das betrifft die Karosserie ebenso wie die Ausstattung aus der Zeit der Anschaffung. Allan fährt jetzt mit »dem Volkswagen« zu den Shows, und der Camper hat wegen seines einwandfreien Originalzustands dort viele Preise gewonnen. Die Leute sind von den zeitgenössischen Details fasziniert, und Allan erzählt gern davon und teilt seinen Camper-Enthusiasmus mit anderen. Er hat nicht die Absicht, seinen Camper künftig im Alltagsbetrieb einzusetzen, und hat beschlossen, den Wagen in Erinnerung an seinen Vater in diesem Zustand zu erhalten. Obwohl er einige attraktive Angebote für den Camper erhalten hat, will er ihn weiter fahren und die Bewunderung anderer genießen.

Ray, Brenda und ihre Tochter Kathleen 1969 mit ihrem Camper auf dem ersten Ausflug in Sunderland.

Das einzige Mal, dass die Markise aufgebaut wurde! Brenda, Kathleen und Allan 1969 in Sunderland.

Nachdem er wieder aktiviert worden war, gewann der Camper Preise bei jedem Treffen, an dem er teilnahm.

NRC
328

NRC 328

NRC 328
VAU 541

Drei Generationen

Im Jahre 1958 gründete Roy Caygill die Firma Eclipse Conversions und baute VW-Kastenwagen zu Campern um. Er war zuvor Möbeltischler und Wagenausstatter für die British Rail Carriage and Wagon Works in Derby gewesen, hatte aber auch eine Leidenschaft für Motoren und die Mechanik. So war Roy der richtige Mann, um die Leute mit erschwinglichen, gut ausgestatteten Campern zu versorgen. Weil er Kastenwagen als Basis benutzte, musste er die Fenster selbst anbringen, indem er seine eigenen handgefertigten Fiberglasrahmen benutzte. Das setzte jedoch einen leeren Innenraum voraus, in den er eine von ihm entworfene Camping-Ausstattung einbaute. Nach und nach fertigte er immer mehr Details nach Kundenwünschen, und er stellte sogar seine eigenen Hubdächer aus Fiberglas her. Ende der 1960er-Jahre baute er auch Fahrzeuge der Marken Commer und Transit um, bevor er in den 1970er-Jahren seine Betriebsgebäude verlor und das Geschäft aufgab.

Roy kaufte 1959 seinen ersten Van und baute ihn selbst um. Er benutzte ihn vier Jahre lang als Camper für die Familie und reiste damit sogar nach Wolfsburg, an den Geburtsort des VW-Busses. Roy fuhr in den 1950er-Jahren Motorräder und flog gern, und nachdem er in einem amerikanischen Magazin einen Artikel über einen Gyrocopter gelesen hatte, machte er sich daran, selbst einen zu bauen. Er stellte diese erstaunliche Maschine nach Zeichnungen in seiner Garage her und brachte sich selbst das Fliegen bei, in dem er ein Buch darüber las. (Eine ähnliche Maschine wurde viele Jahre später von James Bond in dem Film »Man lebt nur zweimal« benutzt.) Roy pflegte die Maschine auf dem Dach seines Campers zu transportieren – was bei anderen Fahrzeughaltern einige Verwirrung hervorgerufen haben dürfte.

Roys Kinder Gail und Gary haben viele glückliche Familienurlaube in dem Camper verbracht, oft in Begleitung von anderen Familienmitgliedern. Gail erinnert sich noch gut daran, dass sie als junges Mädchen sehr erstaunt war, als ihre frisch vermählte ältere Schwester und deren Mann, die im Konvoy mit ihnen fuhren, unvermutet einige Stunden auf einem Campingplatz »verschwanden« – es dauerte Jahre, bis ihr klar wurde, dass man einen Camper nicht nur für Ferienreisen benutzen konnte.

Gary wuchs neben der Werkstatt für den Umbau von VW-Bussen zu Campern heran und verbrachte auch die nachhaltig prägenden Familienurlaube unvermeidlich im Volkswagen. Er sparte eisern auf den ersten eigenen Camper. 1994 war es dann so weit: Er kaufte einen Bus, der »grundlegend restauriert« werden musste. Gary hatte keine Eile, er benötigte fünf Jahre für das Projekt Bus, weil er beschlossen hatte, ihn zu einem Vorzeigeobjekt zu machen. Das bedeutete, dass er Stunden damit zubrachte, zu den diversen Treffen zu fahren und die Teile zu erwerben, die er benötigte. Er führte alle Arbeiten selbst aus, einschließlich des Wiederaufbaus des Fahrzeugbodens, und lackierte den Camper in seinen Originalfarben Türkis und Weiß. Leider starb Roy 1996 im Alter von nur 64 Jahren an Asbestose, bevor er die Arbeit, die Gary in Fortführung der Familientradition geleistet hatte, begutachten konnte. Noch tragischer ist, dass er sich diese Krankheit zugezogen hatte, als er als Wagenbauer mit Asbest gearbeitet hatte, bevor man die Gefährlichkeit dieses Werkstoffs erkannt hatte. Das war ein harter Schlag für die Familie, doch Gary war entschlossen, den Bus zu Ehren seines Vaters fertigzustellen, der ihn immer wieder dazu motiviert hatte.

Eine Tragödie ist schlimm genug, aber die Familie Caygill traf einen doppelter Schicksalsschlag. Kurz vor Ostern 1999 erlitt Gary im Alter von 34 Jahren einen tödlichen Herzanfall. Die Familie war tief getroffen, aber gleichzeitig der Überzeugung, dass Garys Arbeit nicht umsonst gewesen sein sollte. Gail war damals mit John Gerard verheiratet und hatte mit ihm einen fünfjährigen Sohn, Sam. Die Familie kam überein, dass der Camper für Sam aufgehoben werden sollte, den nächsten männlichen Nachkommen in der Caygill-Linie. John übernahm nun seinerseits das gewaltige Projekt der Fertigstellung und stellte sicher, dass die Arbeit so ausgeführt wurde, dass Gary stolz darauf gewesen wäre.

In den nächsten acht Monaten verbrachte John jeden Abend und jedes Wochenende damit, an dem Camper zu arbeiten. Er hatte einmal beim Austausch eines Motors mitgeholfen, sonst wusste er nichts über VW, und es war für ihn eine echte Puzzlearbeit, herauszufinden, was für Teile Gary da gesammelt hatte und wo sie hingehörten. Der Zusammenbau des Wagens war ein Albtraum. John musste den Motor, den Gary gekauft hatte, überarbeiten, die gesamte Innenausstattung überholen, sich auf die Suche nach fehlenden Teilen machen und alle Holzteile eigenhändig polieren. Als sich der Camper seiner Fertigstellung näherte, fertigte Gail passend zur Außenlackierung eine Reihe von Polstern und Sitzbezügen an, und im Juli 2000 stand der Camper erstmals wieder auf der Straße.

Im August desselben Jahres gewann der Wagen beim Jahrestreffen des Splitscreen Van Clubs sowohl den Preis für die Restaurierung des Jahres als auch den für den Van of the Year. Gail und John mochten es kaum glauben, fühlten sich aber geehrt, weil sie Garys Traum erfüllt hatten. In den folgenden Jahren gewann der Bus auf jedem Treffen, an dem er teilnahm, Preise, und Gail, John und Sam genossen die Wochenenden und Ferien mit ihm. Gail und John sind heute sehr aktive Komiteemitglieder des Splitscreen Van Clubs. Obwohl sie in der Zwischenzeit ein neueres Wohnmobil für die Ferien gekauft haben, ist der Split-Camper immer noch ihr ganzer Stolz. Sam, der jetzt zwölf Jahre alt ist, wartet schon sehnsüchtig auf den Tag, an dem er den Camper fahren darf und dessen Vielseitigkeit für sich entdecken kann.

Ray und sein selbst gebauter Gyrocopter (linke Seite oben).

Der Caygill-Clan campte in den 1960er-Jahren immer gemeinsam (unten links).

Ray vor der Eclipse-Werkstatt Anfang der 1960er-Jahre (unten rechts).

Glückliche Familien

Es gibt einen alten Spruch: »Eine Familie, die zusammen spielt, hält zusammen.« Auf die Familie Emmett trifft er zu. Das einzig Trennende in der Familie ist die getrennte Frontscheibe. Vater Brian, Sohn Paul und Schwiegersohn Mark besitzen jeder einen Split-Camper, an dem sie sehr hängen, aber die Busse sind so individuell wie ihre Besitzer. Sie reichen vom Camper im absoluten Originalzustand bis zum maßgeschneiderten Wagen. Die Camper sind Ausdruck der unterschiedlichen Nutzung, der Persönlichkeit und des Geschmacks ihrer Besitzer. Gemeinsam mit den Ehefrauen und Kindern fährt die Familie zu den Treffen, verbringt den Urlaub zusammen und kann sich ein Leben ohne die Busse nicht vorstellen.

Paul Emmett ist verantwortlich dafür, dass die Familie vom VW besessen ist. Er kaufte 1972 mit gerade 15 Jahren einen Käfer und verbrachte zwei Jahre damit, ihn zu restaurieren, bevor er zum Bus kam. Er restaurierte, lackierte und stattete einen Split-Camper aus dem Jahre 1963 neu aus, mit dem er sehr glücklich war – bis er ein 23-Fenster-Sambabus-Sondermodell sah, das im Frühjahr 2004 in Stanford Hall, Leicestershire, zum Verkauf angeboten wurde. Das war ein Wendepunkt für die gesamte Familie. Um den Wagen kaufen zu können, verkaufte Paul seinen orange-schwarzen Split seinem Schwager und half dann seinen Eltern beim Kauf eines absolut originalen, komplett restaurierten Devon-Campers. Brian und seine Frau Sue hatten gesehen, welchen Spaß ihre Kinder und Enkel mit ihren Bullis hatten, und entschlossen sich, daran teilzuhaben. Brian war schon immer an klassischen Autos interessiert gewesen, und als ihm Paul von einem Devon-Camper in tadellosem Originalzustand erzählte, der zum Verkauf stand, war der Handel perfekt.

»Sally«, wie der Bus genannt wurde, war 1963 von Devon umgebaut worden und stand nach vier Besitzerwechseln schließlich 1994 in einem Garten, wo sie als »Sommerhaus« genutzt wurde. Als der Camper-Fan Phil Thomas von ihrer Existenz erfuhr, war sie in einem schlechten Zustand. Fast jede glatte Fläche war mit Moos bedeckt, das die Farbe abgehoben und dem Rost die Tür geöffnet hatte. Erstaunlicherweise war aber die Innenausstattung noch komplett und durchweg in einem guten Zustand. Selbst das Original-Geschirr und das Besteck waren noch vorhanden. Nach einer Komplettrestaurierung, die drei Jahre dauerte, trennte sich Phil, wenn auch ungern, von dem Camper. Brian übernahm ihn.

Das Besondere an diesem Camper liegt darin, dass alles noch so ist, wie es war, als der Wagen 1963 das Werk verließ: die Vorhänge, die Polster, das Geschirr, die Möbel, der Gaskocher – alles original vom Werk. Original erhaltene Camper sind für Bus-Besitzer ein ständiger Quell der Freude; dieser gehört zu den besten und hat schon viele Preise gewonnen. Brian und Sue bietet der Camper die Möglichkeit, die Wochenenden mit ihrer Familie außerhalb zu genießen, an Veranstaltungen teilzunehmen, mit Gleichgesinnten zu reden und sich über deren Reaktionen auf das authentische Gefährt zu freuen.

Als Paul das Sambabus-Sondermodell von 1959 in Stanford Hall sah, erkannte er dessen Potenzial und wusste sofort, dass er es haben musste. Da er schon

Siegellackrot und Beigegrau ist eine klassische Volkswagen-Farbkombination (gegenüberliegende Seite).

Geschirrschrank und Kochgelegenheit sind an den Seitentüren befestigt (oben links).

Dies war das einzige Devon-Caravette-Modell mit einem Waschbecken und einer Wasserpumpe (unten links).

Die Innenausstattung ist im Originalzustand erhalten geblieben, einschließlich der Polster und Vorhänge (rechts).

einen Camper restauriert hatte, hatte er viele Ideen, was er mit dem neuen Projekt tun wollte. Die Karosseriearbeiten waren bereits erledigt, einschließlich des kompletten Fahrzeugbodens. In sie waren allein 9000 Pfund geflossen. »Er brauchte nur noch eine Innenausstattung und die Lackierung«, sagt Paul.

Paul wollte etwas schaffen, was dem Original sehr nahe kam, aber einen modernen Anklang hatte. So entschied er, dass der alten Farbgebung in Siegellackrot/Grauweiß ein moderner Touch gegeben werden sollte, indem man Metallic- bzw. Perleffekt-Farben bei der Lackierung verwendete. Im Innenraum baute er an der Stirnwand Schrankmöbel aus ahornfurnierten MDF-Platten ein, die den Kocher, die Heizung und die Gasflasche aufnahmen und zudem noch Stauraum boten. Er gewann dann Bernard Newbury, dessen innovative und ausgezeichnete Fahrzeug-Innenausstattungen auf vielen Ausstellungen diverse Preise gewonnen hatten, ihm eine Ausstattung zu konzipieren, die mit den Außenfarben harmonierte. Das schloss einen neuen Dachhimmel ebenso ein wie die Türverkleidungen, die Polster, das Sonnendach, die Innenbespannung, die Sitzpolster und die Polsterung des neuen, zusammenklappbaren Bettes. Die Farben harmonieren perfekt mit den Außenfarben und schaffen ein helles, modernes Aussehen, bei dem man sich gleichwohl in die Originalzeit zurückversetzt fühlt.

Dabei beließ er es jedoch nicht. Die Besitzer lieben die Accessoires ihrer Camper, und Pauls Camper hat Fuchs-Räder für Porsche aufzuweisen, einen Westfalia-Dachgepäckträger, ein Mota-Lite-Lenkrad, Safarifrontfenster, einen herunterklappbaren 10-Zoll-DVD-Player (großartig für die Kinder auf langen Reisen), eine Zusatzbatterie mit Trennschalter, Lautsprecher, Innenbeleuchtung, Zigarettenanzünder, Rücklichter mit LEDs, amerikanische Scheinwerfer und zusätzliche, in den Lufteinlass eingebaute Instrumente. Das Ergebnis ist erstaunlich, und Paul hat sein Ziel, eine moderne Interpretation des klassischen Looks, mit Sicherheit erreicht. Er sagt, dass sich der Camper fantastisch fährt und dass es ihm gefällt, mit einem so individuellen und unkonventionellen Fahrzeug Aufmerksamkeit zu erregen und Interesse zu wecken. Er ist damit bald jedes Wochenende mit der Familie unterwegs, der Bus ist aber auch für einen längeren Familienurlaub bestens geeignet.

Das Siebensitzer-Sondermodell, als Samba bekannt, hat Dachfenster und ein Schiebedach. Die zu öffnenden Safari-Frontfenster sind die ultimative Frischluftlösung.

Die Original-Volkswagen-Farben wurden der Zeit angepasst (linke Seite oben).

Die Kücheneinrichtung aus Ahorn mit Kocher und Abstellfläche (linke Seite unten links).

Ein ausklappbarer DVD-Player ist die perfekte Lösung für das »Sind wir bald da?«-Syndrom (linke Seite unten rechts).

Als Mark Forton in die Familie Emmett einheiratete, war er bereits vom VW-Bus-Virus befallen. Er gehört schon seit Längerem zu den Liebhabern dieser Fahrzeuge und ist, da er als Autoverleiher für VW-Vans arbeitet, nicht nur in der Freizeit, sondern auch geschäftlich mit ihnen befasst. Als Paul seinen orange-schwarzen Split-Camper zum Kauf anbot, um sein Sambabus-Sondermodell von 1959 finanzieren zu können, übernahm ihn Mark sofort, da er in einem viel besseren Zustand war als sein Devon und auch viel praktischer für die Familie. Außerdem wusste er genau, welche Arbeiten sein Schwager an diesem Camper bereits ausgeführt hatte.

Paul hatte viel Zeit und Mühe aufgewendet, um den Bus wieder in einen guten Zustand zu versetzen. Neben dem üblichen Schwarz unter der orangefarbenen Lackierung erhielt der Bus auch die komplette Do-it-yourself-Ausstattung mit vier Schlafgelegenheiten (einschließlich eines herunterklappbaren DVD-Players), eine Gasheizung, Empi-Fünfspeichenräder, eine seitliche Trittstufe, US-Blinker in den Scheinwerfern und rote Rückleuchten. Der Bus hatte rundum zu öffnende Fenster, Safarifrontfenster, sechs aufklappbare Seitenfenster und ein zu öffnendes Rückfenster: Das war das Nonplusultra an Kühlung.

Nachdem Mark den Bus gekauft hatte, baute er einen verchromten Motor mit 1641 ccm ein. Wie alle anderen auch fährt Mark mit einem Dauerlächeln im Gesicht, und die ungewöhnliche Farbgebung sorgt dafür, dass der Bus überall auffällt.

Trotz ihrer Liebe zu den Split-Bussen haben sich Paul und Mark mittlerweile jeder einen T3-Camper zugelegt, da sie ihn praktischer finden, komfortabler und familienfreundlicher. Aber die Familie Emmett wird immer eine ausgesprochene Camper-Familie bleiben!

Die DIY-Innenausstattung folgt dem traditionellen Design (rechts).

Sechs zu öffnende Seitenfenster, ein Safari-Rückfenster und eine seitliche Stufe sind zeitgenössische Accessoires (rechte Seite oben).

Die orange-schwarze Lackierung ist sehr ungewöhnlich (rechte Seite unten links).

Ein Kocher/Grill ist neben dem Rücksitz platziert (rechte Seite unten rechts).

VOLKSWAGEN
AJN
853A
GB

AJN 853A

Die Familie Emmett fährt gern gemeinsam zu Treffen, um dort über Busse zu sprechen und sich die Bullis anderer Leute anzusehen, sie nutzt ihre Camper auch auch zu genau dem Zweck, für den sie gebaut wurden – an den meisten Wochenenden sind sie damit unterwegs auf Picknickfahrt. Um die Fahrzeugfronten vor den hässlichen Steinschlagschäden zu schützen, hat Sue für jeden Bus eine farblich abgestimmte Schutzhaube angefertigt, auf der sogar der Name des Campers steht.

Sally
918 TAL
Barney
AJN 853

3 Über Land mit den Oberlanders

Zu Beginn der 1960er-Jahre hatte der VW-Camper bereits seine Tauglichkeit für Überland-Abenteuer unter Beweis gestellt; wie in der Einleitung erwähnt, hatte der erste Volkswagen-Westfalia-Camper bereits 1953 Südafrika durchquert. Dessen ungeachtet war eine Fahrt durch Südamerika noch immer so etwas wie das Erkunden einer der letzten Wildnisse – schreckliche Straßen (die häufig nur Fahrspuren waren), instabile politische Verhältnisse, Bürgerkriege, tief verwurzelte Korruption und eine albtraumhafte Bürokratie gehören dort zu den scheinbar unveränderlichen Dingen. Dort zu fahren ist auch heute noch schwierig genug, aber diese Familiengeschichte ereignete sich 1965, als sich ein Ehepaar mit dem passenden Namen Nelly und Helmut Oberlander mit seinen drei kleinen Kindern auf eine abenteuerliche Reise begab, auf der die Familie in sieben Monaten 40 000 Kilometer zurücklegte. Cris Torlasco, der Gründer von Wet Westies, war von ihrer Fahrt so inspiriert, dass er 2003 eine ähnliche Tour unternahm. Er verbrachte viel Zeit mit den Oberlanders, und dank seiner Unterstützung kann ihre Geschichte an dieser Stelle erzählt werden.

Helmut und Nelly Oberlander besitzen glücklicherweise Fotos und sogar einen 16-mm-Film von ihrer Reise. »Wir meinten, eine solche Unternehmung sollte man starten, bevor man zu alt dafür war«, erklärt Nelly. Der deutsche Akzent ist bei beiden immer noch deutlich zu hören, selbst nach 48 Jahren in den USA. Als sie mit ihrem alten Leitz-Projektor ihre wunderschönen Dias zeigen, übermannt sie die Nostalgie. Währenddessen erzählt Helmut über seine seit 1957 bestehende Beziehung zum Volkswagenwerk in Wolfsburg und seinen Umzug in die USA, wo er für die VW-Händler Riviera Motors und Gateway Volkswagen in Portland arbeitete. Nach vielen Jahren, die er für Volkswagen tätig war, eröffnete er eine eigene Werkstatt in Eugene, Oregon. Nun, mit über 70 Jahren, repariert und restauriert Helmut noch immer im selben Gebäude luftgekühlte Motoren.

Der Traum der Oberlanders, die beiden Amerikas zu bereisen, begann im Dezember 1964. Die Familie besaß einen taubenblauen Kastenwagen, den sie 1961 gebraucht gekauft hatte. Sie bereiteten sich intensiv auf das Abenteuer vor, schrieben an alle betreffenden Konsulate, fanden ein Schiff, das ihren Bus von Panama nach Kolumbien bringen würde (es gibt dort auf weiten Strecken keine Straßen zwischen Mittel- und Südamerika), und sie sammelten so viele Informationen wie möglich. Das war eine schwere Aufgabe. Helmut erinnert sich, wie er die American Automobile Association (AAA) anrief, um allgemeine Informationen und ein Carnet de Passage zu bekommen, ein Bürgschaftsdokument, das mehrere lateinamerikanische Staaten verlangten. Der Mitarbeiter der AAA antwortete mit einem kategorischen »Tun Sie das nicht« und fügte in einem alarmierenden Tonfall hinzu: »Das ist zu gefährlich« und »fast unmöglich«. Dass dies von jemandem geäußert wurde, der im Reisegeschäft arbeitete, war nicht sehr ermutigend.

Schließlich, am 23. März 1965, fuhren Helmut, Nelly und ihre Töchter Ingrid, Christine und Doris, zehn, fünf und drei Jahre alt, los, mit 53 073 Meilen auf dem Tachometer. Sie fuhren nach Süden, einen Kurs, den sie für die nächsten vier Monate beibehalten sollten. Nach vier Tagen kamen sie durch Nogales nach Mexiko, und sechs Tage später waren sie in Mexico-Stadt. »Wir waren unabhängig, und der Bulli war unser Zuhause«, sagt Helmut.

Vorhergehende Seiten von links nach rechts: Eine auf den Bulli gezeichnete Karte zeigt die Route. In 3000 Meter Höhe ist die Luft klar, aber sehr kalt. In jeder Stadt drängten sich die Einheimischen um den Bus, um ihn zu bestaunen und zu belächeln. Über die Straße treibender Sand machte das Fahren in Chile schwierig. – Typische Szene am Straßenrand.

Vor dem Haus von Nellys Eltern in Südbrasilien (rechte Seite).

Entladung in Kolumbien.

Überflutete Straßen an der Grenze zwischen Ecuador und Peru.

Die schlammigen Straßen in Argentinien ließen sich nur mit Schneeketten befahren.

Bereit, per Zug über die Anden nach Argentinien verfrachtet zu werden.

Typische Anden-Szenen.

Die Inka-Ruinen von Machu Picchu.

Cris und seine Familie mit Helmut und Nelly vor Helmuts Werkstatt im Jahre 2005.

Am 7. April erreichten sie Guatemala. Die Temperatur im Bus betrug 43 °C. Am Zehnten des Monats überquerten sie die Grenze nach El Salvador. Dann kam Honduras, wo sie die erste Reifenpanne hatten; es sollten noch viele folgen. Später in diesem Monat fuhren sie durch Nicaragua, Costa Rica und Panama, wo sie von der Polizei gestoppt wurden – weil sie ohne Shirt fuhren. In Panama-Stadt stießen sie auf bürokratische Hemmnisse, sodass sich die Verschiffung ihres Busses nach Kolumbien verzögerte. So nutzten sie die zweiwöchige Wartezeit und erkundeten Panama. Schließlich, am 30. April 1965, gingen sie auf das Schiff, das sie und ihren Bus nach Buenaventura in Kolumbien bringen sollte.

Von Kolumbien ging es weiter nach Ecuador, wo die Überquerung des Äquators natürlich ein Meilenstein ihrer Reise war. An der Grenze zwischen Ecuador und Peru mussten sie einen Fluss queren, doch Hochwasser hatte die Brücke weggerissen. Die Leute vor Ort luden sie und ihren Bus kurzerhand auf eine Bananenfähre und brachten sie nach Peru. Sie durchquerten erfolgreich Nordchile, eine der trockensten Gegenden der Erde. »Einmal fuhren wir über 350 Kilometer durch wüstes Land, wo es buchstäblich nichts gab«, erinnert sich Helmut, »keine Menschen, keine Vegetation, keine Tiere, nichts.«

Dann kam der schrecklichste Augenblick der gesamten Reise. Während sie fast einen ganzen Tag auf den Zug, der sie über die Anden nach Argentinien befördern sollte, warten mussten, gingen Helmut und Nelly in Santiago de Chile noch einiges einkaufen. Der Bus war schon auf einen Autowaggon verladen worden, und die drei Kinder waren darin geblieben mit der Anweisung, den Bus auf keinen Fall zu verlassen. Einige Stunden später kamen die Eltern zurück, und zu ihrem Entsetzen war der Zug weg. In ihrer Verzweiflung fragten sie überall nach und erhielten zunächst die Antwort, dass der Zug bereits nach Argentinien unterwegs sei. Nach weiteren verzweifelten Fragen versicherte man ihnen jedoch, dass der Zug nur an eine andere Stelle rangiert worden sei, und bald waren sie wieder mit den Kindern und dem Bus vereint. Sie bestiegen den Zug und überquerten die Anden in Richtung Argentinien mit Temperaturen unter dem Gefrierpunkt und in tiefem Schnee.

Am 3. Juni erreichte die Familie Buenos Aires, den südlichsten Punkt ihrer Reise, mit dem Tachometerstand von 64 336 Meilen. Dann fuhren sie zu den Iguaçu-Wasserfällen in Nordost-Argentinien, den sie als den »beeindruckendsten Wasserfall der Welt« beschreiben. Bevor sie die Wasserfälle erreichten, mussten sie zwei Tage über extrem matschige Straßen fahren. Einmal verlor der Bus eine der Schneeketten, die man aufgezogen hatte, um in dem Matsch Traktion zu haben. Als er das bemerkte, fuhr Helmut in der Busspur zurück und lief etwa anderthalb Kilometer durch den tiefen Schlamm, bis er die verloren gegangene Kette fand. In Iguaçu blieb die Familie auf dem einzigen Campingplatz, den sie in ganz Mittel- und Südamerika fand.

Nachdem sie die Fälle besichtigt hatten, fuhren die Oberlanders weiter ins benachbarte Brasilien, wo Nelly Verwandte hatte. Bürokratische Hemmnisse zwangen sie, den Bus ins Land zu schmuggeln, indem sie angaben, es sei ein argentinisches Fahrzeug und komme aus der Stadt Oregon in Argentinien. Sie besichtigten dann die neue, moderne Hauptstadt Brasilia, die tief im Dschungel lag. Ihre Dias zeigen Dutzende von Split-Bussen und Käfern auf den brasilianischen Straßen. Helmut erklärte, dass sie aus brasilianischer Produktion stammten. Ersatzteile für ihren Bus waren, was nicht überraschte, reichlich vorhanden.

Der Bus fuhr dann zurück nach Argentinien und danach, da sie sich ja auf dem Rückweg befanden, Richtung Norden nach Bolivien. Hier erreichten sie mit 5100 Metern an der Sternwarte von Chacaltaya den höchsten Punkt ihrer Reise. Wegen der Höhe hatte der Bus fast seine gesamte Motorleistung eingebüßt und schaffte es noch gerade bis zum Eingang des Observatoriums, wo der Motor erstarb. Die gesamte Familie blieb über Nacht dort, bei extrem tiefen Temperaturen. Helmut erinnert sich, dass er am nächsten Morgen nach dem Aufwachen feststellte, dasss das in Flaschen mitgeführte Wasser, das immer im Inneren des Wagens aufbewahrt wurde, gefroren war. Als die Oberlanders versuchten, den Gaskocher anzuzünden, gingen die Streichhölzer nicht an. Helmut kam zu dem Schluss, dass der Sauerstoffmangel in dieser großen Höhe und ihr eigener Sauerstoffverbrauch in der Nacht dafür verantwortlich seien. Sobald er ein Fenster geöffnet hatte, zündeten die Streichhölzer. Ab diesem Zeitpunkt schliefen sie immer bei offenem Fenster, ganz gleich, welche Temperatur draußen herrschte.

Die Oberlanders besuchten La Paz (mit ungefähr 4200 Meter über dem Meeresspiegel die höchstgelegene Hauptstadt der Welt) und fuhren dann am berühmten Titicaca-See vorbei nach Peru. Hier mussten Nelly und die Kinder den Bus, der wegen der Höhe kaum noch Zugkraft hatte, streckenweise bergauf schieben. Nachdem sie Cuzco und die nahe gelegene Inkastadt Machu Picchu besichtigt hatten, wandten sie sich nordwärts, zurück auf ihre ursprüngliche Route.

Während ihrer Reise besichtigten die Oberlanders Museen und archäologische Stätten. Sie schliefen auf Viehfarmen, Bauernhöfen, in Kirchen und Gasthöfen. Strände, Parkplätze, öffentliche Gebäude, Tankstellen und selbst ein Mennoniten-Seminar dienten gelegentlich als Unterkünfte. Aber der sicherste Übernachtungsplatz war ein Friedhof, »denn die Einheimischen sind dem Tod nicht gern so nahe«. Auf die Frage nach mechanischen Problemen während der langen Busfahrt kommt die beiläufige Antwort: »Es gab überhaupt keine, nicht einmal Kleinigkeiten. Wir erlebten nur etwa zehn Reifenpannen.« Helmut erwähnt aber, dass er für die Fahrten in großer Höhe einen Ersatzvergaser mitgenommen hatte sowie einige Ersatzteile für die lange Strecke.

Am 1. November 1965 parkten die Oberlanders den Bus, der bis unter das Dach mit Souvenirs beladen war, auf der Straße vor ihrem Haus in Oregon. Sie hatten die Reise erfolgreich beendet und waren in sieben Monaten und acht Tagen insgesamt 41 031 Kilometer gefahren, bei einem Durchschnittsverbrauch von 14 Litern auf 100 Kilometer. Auch heutzutage sind Helmut und Nelly immer noch aktiv: Sie fahren Boot, tanzen Polka, besuchen Bierfeste, reisen nach Deutschland – und erhalten alte Volkswagen am Leben. Sie tun diese schönen Dinge alle jetzt, »bevor sie zu alt dafür sind!«

Story mit freundlicher Genehmigung
von Cris Torlasco.

4 Einen Traum

OLDSWORTHS have
e reputation

Our home on the range

Der California Generation.
Reise- und Freizeitfreude mit
Ausstattungs- und Preisvorteil.
H TM 908

Dass man mit dem Camper reisen konnte, wohin man wollte und wann man wollte, war während der letzten 50 Jahre ein immerwährendes Thema der Volkswagen-Werbung – und auch die Werbebroschüre für den neuen T5 enthält als Hauptmotiv, um das Lebensgefühl des Campervan-Besitzers einzufangen, das Foto eines Vans in einer wilden Gebirgslandschaft. Die Bilder in den Broschüren zeigen stets das Leben in der freien Natur mit Familien oder Paaren, die sich erholen oder an malerischen Plätzen vergnügen. Interessanterweise stellen diese Fotos fast so etwas wie historische Dokumente dar, da sie die wechselnden Sehnsüchte, Moden und Lebensstile einer Gesellschaft im Verlauf von fünf Jahrzehnten widerspiegeln. Und doch haben sie ein gemeinsames Anliegen: das Beisammensein von Menschen zu zeigen, die vom Stress des Alltagslebens ausspannen wollen. Die Kleidung, die Frisuren sowie die Textilien und Farben mögen sich verändern, aber das Leben mit einem VW-Camper bedeutet immer Spaß, Freiheit und Individualität. Immer verband sich mit dem Bulli der Anspruch, dass sich mit ihm der Traum, allem zu entfliehen und zu sich selbst zu finden, verwirklichen ließe.

1955 präsentierte Westfalia den ersten voll ausgestatteten Camper und fasste das Wesentliche im Leben mit dem Camper in folgende Worte:

»Wollen nicht auch Sie manchmal die Hektik des Alltags hinter sich lassen und in die weite Welt hinausfahren, in Wäldern und auf Wiesen, neben einladenden Seen und in den Bergen rasten und dort lagern, wo Sie der lange Arm der Zivilisation nicht erreichen kann? Mit der Westfalia-Deluxe-Camping-Ausstattung können Sie Ihren Traum verwirklichen. Sie gibt Ihnen die Chance, die Schlupfwinkel der Natur und ihre Verstecke zu entdecken, abseits des Treibens auf den Hauptstraßen, auf verschlungenen Landstraßen … Dieses Ferienheim auf Rädern verwandelt die Welt in ein aufregendes Bilderbuch, in dem jede Seite eine neue, beglückende Erfahrung ist.«

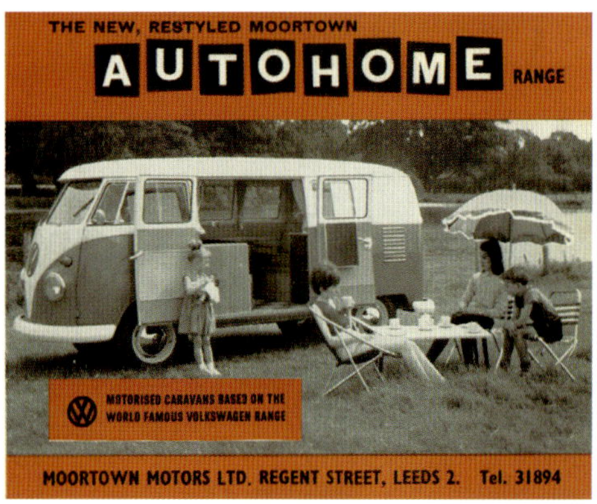

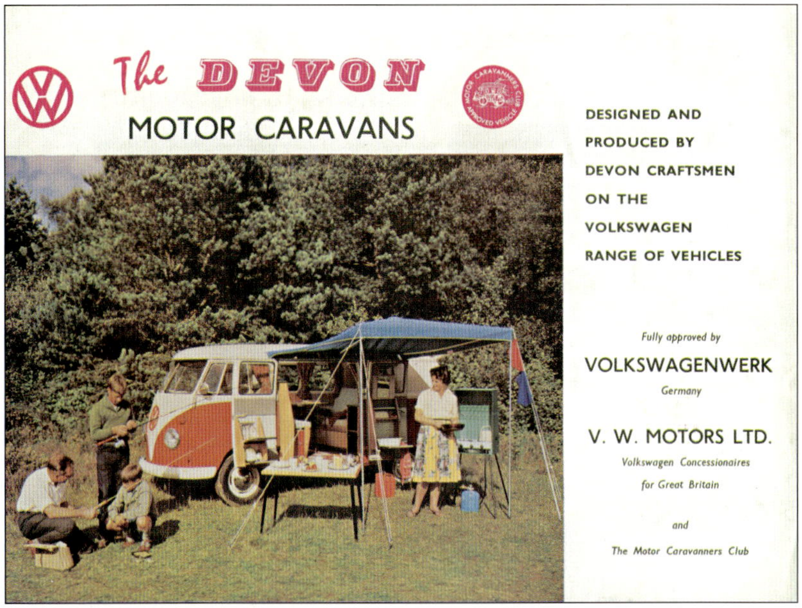

Obwohl er heute das Image eines Hippie-Fahrzeugs hat, war der VW-Camper zunächst die Domäne einer neuen, wohlhabenden Mittelschicht. 1963 griff Dormobile das Lebensgefühl dieser Schicht in England auf, indem er die Vorzüge des Wagens so beschrieb:

»Der Camper ist sowohl ein Heim auf Rädern als auch eine mobile Tribüne bei Rennen, Sportveranstaltungen, Reiterfesten und allen anderen Aktivitäten im Freien. Wenn das Wetter unfreundlich ist, eröffnen die großen Dachfenster einen ausgezeichneten Ausblick, man genießt Erfrischungen, und das Radio ist ein optionales Extra.«

The Danbury Volkswagen De Luxe

Der California Generation.
Reise- und Freizeitfreude mit
Ausstattungs- und Preisvorteil.

Der PROFI als Freizeit- und Wohnmobil

JULY 1955
MAGAZINE
Volkswagen
What Can We Do
READ WHAT OWNERS
THE '55
For the
GARAGE DOOR OPENER

Ein weiterer Reiz des VW-Campers liegt in seiner Vielseitigkeit, denn er kann sowohl ein Familienfahrzeug als auch ein Camper sein. Die Danbury-Broschüre von 1969 lobt diese vielfältigen Vorteile:

»Die Danbury-Einbauten bieten Ihnen das Beste aus beiden Welten. Ein ökonomisches Fahrzeug für den täglichen Gebrauch mit eingebautem Komfort und unvergleichlicher Mobilität ... ideal für Stadt und Land. PLUS alle die Annehmlichkeiten eines Caravans. Jetzt bietet der Danbury Sitze mit Blick nach vorne – ohne dass Sie sich den Nacken verrenken müssen – jetzt haben Sie die Gelegenheit überall komfortabel hinzukommen.«

Andere Firmen setzten bei ihrer Werbung bevorzugt auf das Raumangebot und den Luxus:

»Viking. So viel mehr als ein Volkswagen. Der Viking bietet ein Motor-Caravan-Design nach einem ganz neuen Konzept. Sein vielseitig nutzbares Raumangebot, sein geniales Design und seine ausgezeichnete Qualität geben ihm eine Spitzenposition – in jeder Beziehung. Es gibt Raum für alles im Viking. Raum zum Sitzen und zum Essen. Raum zum Kochen und zum Lieben. Und einen separaten Raum für die Kinder.«

1973 hatte die Volkswagenwerk AG den Firmen Westfalia und Devon eine exklusive Lizenz zum Umbau erteilt und Käufer vor dem Erwerb eines nicht von Volkswagen lizenzierten Fahrzeugs gewarnt. Viking schlug zurück, indem es mit der Freiheit und Individualität, die ihr VW-Camper vermittelte, argumentierte: David gegen Goliath:

»Die Viking-Invasoren sind da. Die größte Schlacht in der Motor-Caravan-Geschichte hat begonnen. Sie wird hart sein. Sie wird lange dauern. Und Sie sind Zeuge. Viking-Motorhomes auf der einen Seite; Devon und Westfalia auf der anderen. David gegen Goliath. Sie sind frei geboren. Sie kaufen einen Motor-Caravan, um frei zu bleiben. Ihre Freiheit gibt Ihnen das Recht auf eine freie Wahl. Bevor Sie kaufen, bestehen Sie darauf, sich einen Viking ansehen zu dürfen. Wir stellen Ihnen einen Viking vor die Tür. Wenn Sie sicher sind, dass es das ist, was Sie wollen, dann bauen wir einen nur für Sie. Ein Viking mehr auf unserer Seite. Eine Entscheidung mehr für die Freiheit.«

Devon-Broschüren lobten Mitte der 1970er-Jahre die vielfältige Verwendbarkeit des VW-Busses und listeten die Vorzüge ihrer neuesten Modelle wie folgt auf:

»Unser Camper ist nicht nur ein Camper. Er ist alles, was Sie von ihm wollen: ein geräumiges Lieferfahrzeug oder ein Minibus, ein kleiner Flitzer, um die Kinder abzuholen oder um einzukaufen. Sie werden denken, das reicht doch für einen Wagen. Nicht bei uns. Wo andere Wagen aufhören, beginnt der Volkswagen. Er kann Ihr Landhaus in England sein oder Ihre Villa in sonnigen Ländern. Und anders als ein Landhaus oder eine Villa können Sie Ihren Volkswagen beladen und dorthin fahren, wo immer Sie hin möchten und wann immer Sie möchten. Ein VW-Camper wurde gebaut, um schwer zu arbeiten und Vergnügen zu bereiten – die Kinder zur Schule zu bringen oder zum Spielen, um zum Fischen zu fahren oder zu Rennen, um Gartengeräte zu transportieren –, er wurde gebaut, um 1001 Dinge für Sie zu erledigen. Und nachdem Ihr Motor-Caravan den ganzen Tag hart gearbeitet hat, geht er abends auch noch gern aus: ins Theater, ins Ballett oder in die Oper und vielleicht danach zu einem besonderen Candlelight-Dinner. Wirklich, ein Wagen für alle Gelegenheiten.«

Keine Rede vom Surfen oder von alternativen Lebensformen!

In den 1980er-Jahren wollten die Käufer von Campervans ein bisschen mehr Komfort und eine etwas gehobenere Ausstattung, obwohl der Abenteuergeist immer noch der Schlüssel zum Verkauf war. Westfalia stellte sich auf die veränderten Zeiten und Wünsche ein:

»Abenteuer mit Komfort? Ja, hier ist es, und nicht mehr nur auf Fantasiereisen im Lehnstuhl ... Der VW-Camper bringt den komfortablen und trotzdem unkonventionellen Urlaub in Reichweite.«

Mit dem Bulli kann man dem Bekannten und Sicheren entfliehen und sich in eine Welt begeben, in der alles einfacher und zugleich aufregender ist und man sein Schicksal selbst in der Hand hat. Solche Träume sind ein wesentlicher Zug der menschlichen Psyche, und die Werbefachleute wissen, welchen Knopf sie dafür drücken müssen.

5 Staunend durch die Welt

Vorhergehende Seiten von links nach rechts:
Amanda beim Yoga-Training während der Reise.
Ansicht von Feuerland.
Das Ende der Reise – die Spitze von Südamerika.
Eine Lamaherde blockiert die Straße in den Anden in Nordperu.
Die Osterinsel gehört zu Chile – ein Last-Minute-Flug von Santiago führte an diesen unheimlichen und entlegenen Ort.

Beim Überqueren einer Brücke in Nicaragua.

Ihr am amerikanischen Traum orientiertes Leben, das ihnen Sicherheit, Gewissheit, Komfort .... und Langeweile garantierte, gaben Amanda und Richard Ligato 2001 auf. Alles war ein wenig zu einfach und zu sicher, ihnen fehlte das Risiko. Freunde und Kollegen reagierten erstaunt (und neidisch), als sie den Job hinwarfen, ihr schönes Haus aufgaben und die meisten Dinge verkauften, die ihnen vorher scheinbar so viel bedeutet hatten. Sie kauften einen Westfalia-Camper Baujahr 1978 und reisten damit die nächsten drei Jahre durch Mexiko, Mittel- und Südamerika und durch Afrika. Amanda ist Mexikanerin, während Richard sich selbst als typischen Gringo beschreibt, und als ein multiethnisches Paar hatten sie immer schon versucht, beide Kulturen in ihrer Ehe miteinander zu verbinden. Sie hofften, auf dieser Reise mehr über sich zu erfahren und die Grenzen ihrer Geduld in den kommenden Monaten und Jahren auszutesten.

Die nachfolgenden Auszüge stammen aus dem Buch *Wide Eyed Wanderers. A Befuddling Journey from the Rat Race to the Roads of Latin America and Africa*, ein Buch, in dem sie über ihre Erfahrungen berichten. Es ist bei Pop-Top Publishing unter www.VWVagabonds.com erhältlich. Die Ligatos legten mehr als 96 000 Kilometer – das ist möglicherweise ein inoffizieller Weltrekord – zurück, sie erkundeten das Leben auf der Straße und wissen aus eigenem Erleben, wie andere ihr Lebensglück finden.

Amanda mit einem kleinen Jungen am Titicaca-See, Peru.

Kurz nach dem Überqueren der mexikanischen Grenze stellten wir fest, dass wir einen kolossalen Fehler gemacht hatten. Die Straßen durch die Berge entlang der Pazifikküste folgten alten Ziegenpfaden und sahen aus der Entfernung oftmals so steil aus, dass man glauben konnte, es wären Betonmauern. Angesichts dieser fast senkrechten Abschnitte musste sich unser Westfalia-Camper von 1978 geschlagen geben. Wir mussten umkehren und uns auf die Suche nach einem Weg um die Berge herum machen.

Ich ärgerte mich über meine Dummheit. Bevor wir losgefahren waren, wussten Amanda und ich, dass wir über schwierige Strecken fahren mussten. Das Problem war, wir wussten nicht allzu viel über die Funktionsweise eines Volkswagens. In unserer Unwissenheit hatten wir den leistungsstarken Originalmotor des Vans gegen einen schwächeren, aber weniger komplizierten Käfermotor ausgetauscht. Der Volkswagen Käfer war an nahezu jedem Punkt der Erde anzutreffen. Deshalb schien es uns eine gute Idee zu sein, die pure Kraft gegen Vielseitigkeit einzutauschen, und jeder sagte uns, dass der Käfer-Motor leicht zu reparieren sei, selbst für einen Idioten wie mich.

Wir hatten den Van von einem »abgebrannten« Hippie in der südkalifornischen Stadt Ocean Beach gekauft. Trotz seiner »Höhenprobleme« fuhr uns der Van fast sechs Monate durch ganz Mexiko, er brachte uns zu den Feiern anlässlich des »Tags der Toten« nach Pátzcuaro, zum spektakulären Monarchfalterflug in den Bergen von Morelia, zur Wanderung der Europäer an die Nacktbadestrände von Zipolite und zu den verborgenen Eingeborenendörfern in Chiapas. Als wir kopfüber in die in einer Senke gelegene Hauptstadt Mexico-Stadt eintauchten, in der ein solcher Smog herrscht, dass Los Angeles geradezu abgasfrei wirkt, kämpften wir mit acht Millionen Pilgern, Bussen, Taxis und verrückten Fahrern, um die Basilika der Jungfrau von Guadalupe, der Schutzpatronin von Mexiko, an ihrem Festtag zu finden.

In Mittelamerika herrschte eine drückende Hitze, und wir hatten nur einen kleinen 12-Volt-Ventilator, der die feuchte Luft umwälzte, wenn wir unter dem Aufstelldach schliefen. Während des tropischen Regens waren wir in der Nacht gezwungen, das Dachzelt geschlossen zu halten, um die dicken Tropfen abzuhalten. Wir fühlten uns, als lebten wir in einem durchnässten Plastiksack. Nach einigen solchen Tagen spross innerhalb des Aufstelldachs grauer Schimmel. Wie Michelangelo bei seinen Deckenmalereien lag Amanda auf dem Rücken mit Gummihandschuhen, Bleiche und einem Schwamm und versuchte die Innenseite des Dachs wieder zu reinigen. Wir hängten unsere nasse Wäsche in den Van, wo sie aber überhaupt nicht trocknen wollte. Um uns von der ständigen Feuchtigkeit zu befreien, blieb uns nur eins: Wir mussten in Bewegung bleiben. Wenn wir fuhren, strömte Luft durch die Jalousie der Fenster und wirbelte alles durcheinander, ließ die feuchte Kleidung flattern und wirbelte Böen in die feuchten Ecken.

Als wir nach einem Platz suchten, wo wir im Dschungel von Costa Rica bleiben könnten, fanden wir eine Rasenfläche, die ein geschäftstüchtiger Einheimischer an den Hängen eines schlafenden Vulkans in einen notdürftigen Campingplatz verwandelt hatte. Weil er weit in die Höhe ragte, erzeugte der Vulkan einen seltsamen Kamineffekt, indem er Wolken bevorzugt über uns zusammenzog. Es regnete stark, und die Tropfen fielen mit einem lauten Trommeln auf das Dach des Vans. Als ich nach einem ermüdenden Tag hochkletterte, um zu schlafen, bemerkte ich, dass Wasser seitlich durch das Segeltuch des Dachzelts drang. Amanda ergriff schnell einen Lappen und wischte die Tropfen weg. Als sie die Zeltplane abtupfte, drückte ein heftiger Windstoß gegen den Van, und die Plane ließ ein lautes, schwirrendes Geräusch hören und bekam einen 60 Zentimeter langen Riss. Wir starrten beide ungläubig darauf und mussten zusehen, wie der Regen in unsere Betten lief.

Auf unserer Fahrt südwärts über die Panamericana nach Guatemala, Honduras, Nicaragua, Costa Rica und Panama benutzten wir eine schreckliche Karte, die wir kostenlos vom Automobilclub be-

Ein Wasserfall am Straßenrand in Costa Rica.

Verängstigte Hühner sehen zu, wie Richard das Essen vorbereitet.

kommen hatten. Der Maßstab war so klein, dass ein Zoll auf der Karte 235 Kilometern in der Realität entsprach. Alle nützlichen Details wie Entfernungsangaben, Zwischenstraßen, kleine Städte, Flüsse, Seen, Berge, Brücken, alles, was helfen konnte, den Standort zu bestimmen, war nicht angegeben.

So oft mein Blick auf Amanda fiel, die navigierte, war ich irritiert zu sehen, dass sie unsere einzige – wenn auch unzuverlässige – Karte als Sonnenschutz ans Fenster geklebt oder zu ihren Füßen als »Fußabtreter« ausgebreitet hatte. Sie faltete sie auch zu einem extravaganten Fächer zusammen, um sich vor der übermäßigen Hitze zu schützen, oder rollte sie zu einem Schlagstock, um sie als Fliegenklatsche zu benutzen. Es erstaunte mich immer wieder, wie schnell sie die Karte wieder in ihre ursprüngliche Form zurückverwandeln konnte, wenn ich von ihr wissen wollte, in welche Richtung ich fahren sollte. Um sie in die Realität zurückzubringen, fragte ich sie mit zusammengebissenen Zähnen: »Ähm, wie viele Kilometer, glaubst du, sind es noch?« Sie schreckte zusammen, tippte an den im Armaturenbrett eingebauten Kompass und antwortete unkonzentriert: »Wir fahren nach Süden.«

Mit jedem Kilometer, den wir uns auf unserer Fahrt von unserer streng geregelten Welt entfernten, lernte ich, immer weniger darauf zu achten, wie wir dahin gekommen waren, wo wir waren, oder darüber nachzudenken, auf welcher Strecke wir weiterkommen würden. Ich begann die Welt zu genießen, nicht so, wie sie die Karte zeigt, sondern im Gegenteil, indem ich immer einen Ort zur Zeit erkundete. Es interessierte mich nicht so sehr, was als Nächstes kommen würde oder was gewesen war. Ich genoss den Ort und die Zeit, ein Gefühl, das Amanda gut kannte, da sie im »Jetzt« lebte.

Dann kamen wir an das Ende der Straße. In Südpanama gibt es eine kurze Strecke, auf der die Panamericana nicht weitergeführt wird. Die Unterbrechung liegt in einem abgelegenen Dschungelstreifen, dort, wo Mittel- und Südamerika aneinanderstoßen – der Ort wird Darién-Lücke genannt. Es erscheint absurd, dass nahezu 29 000 Kilometer Straße und zwei geografisch miteinander verbundene Kontinente nur durch eine winzige Lücke voneinander getrennt sind. Der undurchdringliche, 87 Kilometer breite Streifen liegt zwischen den Städten Yaviza, Palo de Las Letras in Panama und Mutatá in Kolumbien.

Weil die Straße nicht weiterführte, entschloss sich das unerschrockene Paar, das Auto nach Südamerika zu verschiffen. Das Auto auf das Schiff zu bekommen war relativ einfach, es wieder herunterzubekommen hingegen schwieriger, und nur Beste-

Ein Dorf in Nordmexiko, für den Unabhängigkeitstag geschmückt.

Eine handbetriebene Fähre in Belize.

Um den allgegenwärtigen Mücken zu entkommen, wurde die Markise mit einem Material umgeben, aus dem man Hochzeitsschleier herstellt.

chungsgelder stellten die Entladung sicher. Als sie den Van wieder in Besitz genommen hatten, setzten sie ihre Reise fort:

Auf der zentralen Route, umgeben von Bananenplantagen und Palmen, hielten wir nahe Santo Domingo de Los Colorados am Fuß der Anden an und nahmen einige Einstellarbeiten am Van vor. Ich besaß einige Kenntnisse über die Funktionsweise eines VW-Motors. Ich wusste, dass das Gas irgendwo innerhalb des Motors explodierte und damit Arbeit leistete, die in Bewegung umgesetzt wurde. Ich konnte die Zündkerzen und das Öl wechseln und, wenn ich den weitschweifigen Anweisungen folgte, auch die Ventile einstellen, weil jeder mir sagte: »Du musst die Ventile einstellen.« Ich hatte keine Ahnung, warum die Ventile eingestellt werden mussten und warum sie ihre korrekte Einstellung verloren, aber ich legte mich routinemäßig alle 1500 Kilometer unter das hintere Ende des Vans, justierte die Ventile und schmierte mich dabei voll.

In unserer Van-Bücherei gab es auch ein Buch mit dem Titel *Keep Your Volkswagen Alive, a Manual of Step-by-Step Procedures by the Complete Idiot*. Es war von einem Hippie-Paar in den 1960er- oder 1970er-Jahren geschrieben worden, das den Wert des Lernens durch Erfahrung zu schätzen wusste. »Der Idiotenführer«, wie wir das Buch liebevoll nannten, beginnt bei null und geht davon aus, dass der Leser absolut nichts weiß. Die Front ist vorn. Die linke Seite ist die Fahrerseite, und der Motor ist hinten. Langsam und methodisch las Amanda die Arbeitsgänge vor, während ich arbeitete. Wir nahmen einige kleinere Einstellungen vor, die dem Wagen, als wir in der dünnen Luft weiter nach oben fuhren, auf rätselhafte Weise mehr Kraft verliehen.

Und dann kam die peruanische Polizei. Kurz nach dem Überqueren der Grenze begannen wir mit der üblichen Prozedur, die wir allein in der ersten Woche 14-mal wiederholten. Ein peruanischer Polizeibeamter lehnte sich gegen seinen glänzenden neuen Toyota Land Cruiser und verbarg sein Gesicht hinter einer Fliegersonnenbrille. Er schlenderte langsam in die Mitte des zweispurigen Highways und signalisierte uns, dass wir an den Straßenrand fahren sollten. Das Gespräch begann immer freundlich mit: »Guten Tag.« Dann konstatierte der Beamte einige absurde Verkehrsübertretungen. »Sie fahren 110 km/h, mein Herr. Die Höchstgeschwindigkeit beträgt hier 50 km/h.« Ich widersprach höflich. »Nein, Herr Wachtmeister, das kann nicht sein. Der Van fährt höchstens 80 km/h. Er ist noch nie 110 km/h gefahren.« Amanda lächelte ihn an: »Oh nein, wir respektieren Ihre Gesetze. Wir würden sie nie übertreten.«

Ein Polizist sagte: »Offensichtlich respektieren Sie unsere Gesetze nicht, denn das Kennzeichen ist an der falschen Stelle angebracht.« Ein anderer bemängelte: »Sie haben die weiße Linie überfahren.« Ein dritter blickte zurück und behauptete: »Sie haben den Fahrtrichtungsanzeiger beim Wenden nicht betätigt.« Wir hatten über hundert Meilen nicht gewendet. Mit jedem Anklagepunkt wurden die Polizisten ein weniger rüder, wir aber wurden immer freundlicher. Amanda schmeichelte ihnen und sagte: »Es ist immer eine Freude, einen ehrlichen peruanischen Polizisten zu treffen.« Sie murrten, und wir lächelten. Nach einer Weile begriffen sie, dass wir nicht so ängstlich waren, wie sie gehofft hatten, und sahen ein, dass wir keinen Beitrag für ihre Kaffee-Kasse leisten würden.

Die Begegnungen machten mich so nervös, dass ich nach einer typisch amerikanischen Lösung des Problems suchte. Ich blätterte im örtlichen Telefonbuch und notierte mir die Nummer der peruanischen Transit-Polizei in Lima. Ich notierte sie auf einem Zettel, schrieb auf Spanisch »Polizeieinheit für Korruptionsfälle« darüber und steckte ihn zu meinem Führerschein. Die Polizei stoppte uns auch weiterhin. Bis wir nach Nazca in Südperu kamen, wiederholte sich dieser Vorgang etwa 50-mal. Ich bekam jedes Mal den gleichen »Schock«, aber wir wurden immer geschickter bei der Erstellung des Schriftstücks. Schließlich wuchs mein Selbstvertrauen und ich war hochzufrieden, weil wir keinem der Polizisten Schmiergeld gezahlt hatten.

Als der Sommer kam, wandten wir uns südwärts nach Argentinien und fuhren auf der Route 40 durch Patagonien. Zeitweise bildeten sich auf den schmutzigen Schotterstraßen Riefen, die bald in Spurrillen übergingen. Diese ausgefahrenen Strecken waren furchtbar. Sie fraßen unsere Reifen, verbrannten unsere Stoßdämpfer, lockerten jede Buchse, jede Schraube und elektrische Verbindung, die Treibstoffleitung und jede Halterung – im Van hingen Teile lose herum, bei denen man das nicht für möglich gehalten hätte. Jede Faser unseres Körpers vibrierte, meine Arme und Hände ermüdeten von der Umklammerung des Lenkrads, unsere Zähne klapperten, und wir spürten jeden Knochen im Körper. Der Staub war unbeschreiblich, er drang durch die Schlüssellöcher, in die Möbel, in die Betten, die Kleidung, das Essen, in die Ohren und die Nase. Am Ende einer solchen Strecke sahen wir beide wie zwei mit Puderzucker bestreute Doughnuts aus. Jeden Tag überprüfte ich am Ende der Fahrt die Verbindungen, befestigte Schrauben und verband Drähte neu, während Amanda alles aus dem Van räumte und alles auskehrte, ausbürstete und vom Staub befreite. Eines Nachmittags entdeckte ich einen losen Stoßdämpfer. An einem anderen Tag hing der Auspufftopf nur noch an einem Draht. Nicht auszudenken, wenn ein Teil abgefallen oder gebrochen wäre, wenn es versagt hätte, mitten im Nirgendwo, ohne dass jemand vorbeigekommen wäre oder die Chance bestanden hätte, die nächste Stadt zu erreichen.

Wenn wir langsam über die zerfurchten Straßen fuhren, tauchten wir in jede Furche ein, überfuhren anschließend den Wellenberg, um wieder nach unten und wieder nach oben zu kommen. Das war für den Wagen sicherlich leichter zu ertragen, aber 1000 Meilen mit einer Durchschnittsgeschwindigkeit von zehn Meilen pro Stunde, das lag jenseits von Gut und Böse. Bei mittleren Geschwindigkeiten tauchten die Räder ab zum tiefsten Punkt der Furche, sprangen dann über den höchsten Punkt und »töteten« so Stoßdämpfer und Reifen. Die einzige vernünftige Möglichkeit bestand darin, wie ein Verrückter zu fahren. Bei einer hohen Geschwindigkeit von über 70 km/h sprangen die Reifen von einem Wellenberg zum nächsten und überflogen die Wellentäler. Das minimierte die Vibration, allerdings zu Lasten der Kontrolle über das Fahrzeug. Es fühlte sich an, als führe man in einem Boot. Ich legte eine bestimmte Fahrtrichtung fest, und nicht vorhersehbare Faktoren wirkten auf das Lenkrad ein. Plötzlich fuhr der Van nach rechts oder links und ignorierte meine wilden Bemühungen, mit dem Lenkrad gegenzusteuern. Wir fuhren auf der Straßenmitte, damit wir nach rechts und links Spielraum hatten. Jedes Mal, wenn uns ein Wagen entgegenkam, verlangsamten wir das Tempo und fuhren so weit wie möglich nach rechts, um nicht von aufgewirbelten Steinen getroffen zu werden. Die Lkw-Fahrer fuhren mit voller Geschwindigkeit und kümmerten sich nicht darum, dass die Steine gegen den Van knallten und ihn verbeulten oder von der Frontscheibe abprallten.

Südlich von Ushuaia führt eine unbefestigte Straße durch den Nationalpark von Feuerland, die schließlich am Beagle-Kanal endet. Wir fuhren die letzten wenigen Kilometer dieser Staubpiste hinab zu einem Schild, auf dem in spanischer Sprache geschrieben stand: »Hier ist das Ende der Route Nummer 3, Alaska 17 518 km.«

Als ich vor dem Schild stand und auf Amanda wartete, die die Kamera auf einen Baumstamm stellte und den Selbstauslöser betätigte, dachte ich daran zurück, wie ich mir diesen Augenblick vorgestellt hatte. Als wir zu dieser Reise aufbrachen, wollten wir die einfachen Dinge kennenlernen. Wir wollten erfahren, wie die Menschen in den anderen Teilen der Erde leben, und fragten uns, ob wir einige ihrer besten Eigenschaften aufgreifen und in unser Leben integrieren könnten.

Als wir das Ende der Straße erreicht hatten, war uns immer noch schleierhaft, was ein erfülltes Leben ausmachte. Mit jeder Lektion, die wir gelernt hatten, stellten wir fest, wie wenig wir eigentlich wussten. Wir konnten immer noch nicht fassen, was diesen Latinos Glück und Freude im Leben bescherte, doch eines war uns klar: Reichtum spielte hier keine Rolle.

Als ich Amanda umarmte und albern in die Kamera grinste, dachte ich darüber nach, wie wir an den ungewöhnlichsten Orten das Glück gefunden hatten, indem wir für fast eineinhalb Jahre in einem engen Volkswagen-Campervan gelebt hatten. Doch bevor wir nach Hause zurückkehrten, wollten wir die Richtung, die wir eingeschlagen hatten, besser begreifen lernen. Nur dann konnten wir unseren Kurs für die Zukunft bestimmen. Wir mussten dahin, wo alles begann. Wir mussten nach Afrika …

Nach weiteren zwölf Monaten, in denen sie mit ihrem VW-Camper kreuz und quer durch Afrika fuhren, kamen Richard und Amanda nach einer Gesamtstrecke von 95 523 Kilometern wieder zu Hause in San Diego an. Das Leben war in Zukunft nicht mehr dasselbe. Als sie einmal auf bekannten Straßen fuhren, fasste Richard seine Gedanken zusammen.

Beim Durchqueren der peruanischen Wüste.

Der Van hatte oft Probleme, und sie lernten nach der Trial-and-Error-Methode, ihn zu reparieren. Hier arbeitet Richard in Argentinien an einer Leistungssteigerung des Motors.

Wir hatten erfahren, dass die rätselhaften Dinge, die uns glücklich machen, nicht in der langweiligen Routine des Alltags verborgen sind. Das Gefühl, ganz wach, gespannt und lebendig zu sein wie am Weihnachtsmorgen, überkam uns in dem Moment, als wir das Bequeme, Vertraute und Bekannte hinter uns ließen. Indem ich auf das Pedal trat, um zu beschleunigen und die Spur zu verlassen, hörte ich das zufriedene, pfeifende Schnurren des Auspuffs. Das war mir so vertraut wie mein eigener Herzschlag, und ich konnte darin den feinen Unterschied zwischen bloßem Leben und wirklichem Lebendigsein heraushören.

Strand-Camping in Belize.

6 Hippie-Busse, happy Days und Hoffnung

Die 1960er-Jahre waren eine Zeit des Umbruchs und des gesellschaftlichen Wandels. Die Studenten besetzten den Campus, in den Straßen von Paris marschierten sie Arm in Arm mit Arbeitern, Anti-Vietnam-Demonstranten schmückten die Gewehre der Nationalgarde mit Blumen, Pink Floyd trat gratis im Hyde Park auf, die Pink Fairies fuhren durch die Straßen und spielten auf der Ladefläche eines Lkws … und diejenigen unter uns, die damals dabei waren, glaubten wirklich die Welt verändern zu können. Man sagt, wer sich nicht an die 1960er-Jahre erinnern könne, sei nicht richtig dabei gewesen, aber das ist völliger Unsinn.

Woodstock steht für die Stimmung und das Gefühl einer Generation, die davon träumte, dass die Bomber am Himmel sich in Schmetterlinge verwandelten und dass eine Welt des Friedens und der Harmonie möglich sei. Ein Pressefotograf schoss in Woodstock ein vielfach in Zeitungen und Magazinen (und sogar auf der Innenseite des Woodstock-Albums) veröffentlichtes Foto, das ein Pärchen zeigt, das auf dem Dach seines bunt bemalten VW-Campers der Musik lauscht. Für viele fängt dieses Foto die Atmosphäre und den Geist der Veranstaltung ein, und der VW-Camper hat sein Image für immer verändert, als eine neue Generation, die naiv behauptete, sie wolle lieber jung sterben als alt werden, diesen Wagen für sich beanspruchte.

Alice's Restaurant gehörte wie *Easy Rider* zu den Filmen, die den Wandel im Lebensstil und in der Stimmung vieler junger Leute Ende der 1960er-Jahre einfingen und weitergaben. Er erzählt die Geschichte des jungen Arlo Guthrie und seiner Freunde und zeichnet rückblickend in lockerer Folge ihre Auseinandersetzungen mit der Obrigkeit nach, von der Verweigerung, der Einberufung nachzukommen, bis zu feindlichen Reaktionen auf ihre äußere Erscheinung. Auf wahren Begebenheiten basierend (es gab wirklich eine alte Kirche, die Alice in ein Restaurant verwandeln wollte), war der Film ein freundlicher, bittersüßer Blick auf eine Zeit wachsenden Bewusstseins und Protests und auf das Entstehen einer Jugendkultur, zu der auch Drogen gehörten. (Während die Szenen, in denen Marihuana geraucht wird, oft komisch wirken, enthält der Film in Wahrheit einen wirkungsvollen unterschwelligen Aufruf gegen den Konsum harter Drogen, denn eine der Figuren stirbt an Heroinmissbrauch.) Im Mittelpunkt des Films steht eine Nebenhandlung um Arlo, einen VW-Bus, das illegale Abladen von Müll und die darauf folgende Festnahme und Anklage Arlos. Obwohl Filme wie *Woodstock* Bilder von VW-Campern gezeigt hatten, machte erst *Alice's Restaurant* vielen jungen Menschen klar, welche vielfältigen Möglichkeiten der Bus bot. Es war kein Flower-Power-Hippie-Bus, sondern ein makelloser rot-weißer VW-Bus Sondermodell (allgemein als Sambabus bekannt) einschließlich eines Sonnendachs (perfekt, um Müll daraus zu werfen!). Seine zentrale Rolle in einem Film über junge Leute und ihre Träume, ihre Befürchtungen und Hoffnungen beeinflusste eine ganze Generation.

Ein VW-Bulli aus zweiter Hand war für sie ein ideales Transportmittel, da er praktisch, vielseitig, billig in der Anschaffung sowie leicht zu pflegen war und sich ausgezeichnet für Fahrten mit einer Gruppe von Freunden eignete. Alte Busse oder Camper konnte man bereits für wenige D-Mark, Pfund oder Dollar erwerben – und wer wollte schon glänzenden Lack oder leistungsstarke Motoren? Für Surfer war er der ideale Wagen, um die Bretter zu transportieren und um darin am Strand zu schlafen; für Musikfans war er perfekt, um darin bei den Festivals zu campen; für die, die über Land fahren wollten, hatte er sich bereits auf schlechtem Terrain und auf Straßen bewährt. Eine neue Generation hatte den VW-Bus zu ihrem Symbol der Freiheit erhoben, und sein schräges, altmodisches Aussehen erhöhte den Reiz noch. Das »Alte Ferienhütte auf Rädern«-Image wurde nach und nach dadurch aufgeweicht, dass auch junge Leute begannen, diese Fahrzeuge zu kaufen und zu nutzen, obwohl die meisten dieser Wagen alt und schäbig waren und einer Komplettrestaurierung bedurften. Niemand käme auf die Idee, einen neuen Camper mit der Hand zu bemalen, doch ein heruntergekommener billiger Kleinwagen war der perfekte Untergrund, um sich selbst auszudrücken. Bunt lackierte »Hippie-Busse« wurden zum Synonym für jene guten Zeiten, in denen man Spaß hatte und sich treiben ließ.

Die Mehrzahl dieser Busse gehörte nicht echten Hippies, jedoch zählten die neuen Besitzer zur Post-Woodstock-Generation, die einem allmählich verblassenden Traum nachjagte. Von den vielen Bullis, die auf dem sogenannten »Hippie-Trail« in den späten 1970er-Jahren nach Indien fuhren, wurden nur sehr wenige von Hippies gefahren, zumindest so lange, bis der Name jeden bezeichnete, der die Tretmühle des Alltags verließ, und sei es auch nur zeitweise. Trotzdem hat sich das Image des Volkswagen-Busses als Hippie-Wagen über die Zeit im allgemeinen Gedächtnis festgesetzt. Zahllose Filme, Fernsehkomödien und Werbeanzeigen haben dieses Bild geprägt und sorgen mit ihrer romantisierenden, stereotypen Sicht auf den VW-Bus und seine Besitzer dafür, dass dies auch so bleibt.

In den USA trifft das Stereotyp eher zu, und hier liegen auch die wahren Ursprünge für die Verbindung zwischen Hippies und VW-Bussen. Allgemein wird angenommen, dass das Wort »Hippie« eine Kombination von »hip« und »happy« sei, gräbt man jedoch tiefer, stellt man fasziniert fest, dass es bei den Hopi-Indianern eine Prophezeiung gibt, die viele Hundert Jahre alt ist und besagt, dass eine Gruppe weißhäutiger Menschen die alten Zeiten von Frieden und Respekt für Mutter Erde zurückbringen würde. »Hopi« bedeutet »die friedvollen Menschen«, und vielleicht ist das der wahre Hintergrund des Wortes.

Zurück in die frühen 1960er-Jahre. Damals fuhren Ken Kesey (Autor von *Einer flog über das Kuckucksnest*) und die Merry Pranksters mit bunt bemalten amerikanischen Schulbussen umher; an die Stelle des offiziellen Gelbs waren grelle psychedelische Kunstwerke getreten. Das war auch die Zeit von Timothy Leary, des *Electric Kool-Aid Acid Test* von Tom Wolfe und des Mottos »Tune in, Turn on, Drop out«, wobei LSD bewusstseinserweiternd wirken sollte. Die Westküsten-Band Gratful Dead verbrachte einige Zeit zusammen mit Ken Kesey und den Pranksters und hatte einen einzigartigen harten Kern von Anhängern einer alternativen Kultur. Bekannt als Deadheads (Totenköpfe), folgten diese Fans der Band überall hin, fuhren von Stadt zu Stadt, errichteten Camps und lebten nach einem alternativen Lebensstil auf der Straße. Eines ihrer populären Fahrzeuge war der VW-Bus. Die geschmückten VW-

Vorhergehende Seiten von links nach rechts:
Der Love-Bus fuhr Mitte der 1970er-Jahre durch ganz Europa.
Fata Morgana eines belgischen Fotojournalisten, der in Flower-Power-Stimmung geraten ist.
Bessie – einer der Original-Hippie-Busse.
Sergeant Pepper bringt die Vans zum Tanzen.

Busse und ihre bunt gekleideten Insassen mit weit geöffneten Augen waren möglicherweise der Ursprung der Hippie-Kultur.

1959 waren die Diggers (die Original-Hippies) in San Francisco aufgebracht darüber, dass die Medien die Hippie-Ideale ausschlachteten. Die Diggers wollten klarmachen, dass Hippie-Sein mehr war als ein Stereotyp oder eine Art, sich zu kleiden oder zurechtzumachen – es war eine Art zu leben. Um das zu verdeutlichen, erfanden die Diggers die »Tod-des-Hippies-Zeremonie«, indem sie durch die Haight Street mit einem Sarg marschierten, während die Zuschauer ihre Perlenketten in den Sarg warfen. Mit dem offiziellen »Tod« des Hippies versammelten sich die coolen, friedlichen Leute um den Tod, d. h. um Grateful Dead, die bei der Zeremonie spielten. Während die Band spielte, betrauerten die Deadheads das Ende des Hippies mit einem Tanz, vergleichbar mit dem Geistertanz der Ureinwohner Nordamerikas. Joseph Campbell, ein weltweit anerkannter Mythologe, nannte die Grateful-Dead-Szene ein kulturelles Phänomen, das Ähnlichkeit mit vielen alten Ritualen aufwies, in jüngerer Zeit aber einzigartig war. Viele Songs der Grateful Dead sind in Wirklichkeit alte Volkserzählungen, die Hunderte von Jahren in die Vergangenheit zurückgehen.

Rick Peters und Trudy Morgul wurden auf dem Dach ihres bunten Bullis in Woodstock fotografiert (siehe auch die Seiten 98/99).

Bessie: Die Königin der Liebe

Wenn je ein Bus den Namen Hippie-Bus verdient hat, dann ist es dieser Sundial-Camper von 1967. Er wurde 1990 von Jacob Devaney hinter einem Buchladen in Farmville, Virginia, entdeckt. Devaney war auf dem Weg, sich mit Ken Kesey zu treffen, und kam mit der Besitzerin des Busses ins Gespräch, deren Augen glänzten, als er das erwähnte. Offensichtlich war sie eine der Pranksters gewesen und kannte Ken gut. Sie lächelte und sagte: »Ich will dir was zeigen.« Dann führte sie Jacob in den Hof, und da stand Bessie.

Bessies Besitzerin hatte ihn vor 15 Jahren gekauft, als sie noch in Eugene, Oregon, lebte, nachdem sie viele Jahre mit den Pranksters und den Grateful Dead verbracht hatte. Sie hatte den Bus immer restaurieren wollen, aber nie die Zeit dazu gefunden, und als sie Bessie Jacob zum Verkauf anbot, machte der vor Freude einen Luftsprung. Zu diesem Zeitpunkt war Bessie noch in ihrer Originalfarbe Perlweiß lackiert und komplett mit den Sundial-Sitzen ausgestattet, dem herausziehbaren Bett, dem Wassertank und dem Waschbecken sowie der Holzverkleidung.

In den nächsten fünf Jahren fuhr Jacob mit ihr immer den Grateful Dead hinterher, bis 1995 Jerry Garcia, die treibende Kraft hinter der Band, starb. Es schien, dass Bessies glorreiche Tage vorbei waren, doch dann trat eine neue Gruppe von Künstlern und jungen Leuten an, die selbst teilweise als Original-Deadheads mit den Grateful Dead auf Tour gewesen waren. Diese »Deadicated« sahen ihre Verpflichtung darin, den Traum am Leben zu erhalten. Sie fanden sich in Arizona zusammen, und der legendäre Mother Earth's Healing Circus war geboren. Bessie wurde zum Symbol der Auferstehung, sie wurde entrostet und neu lackiert, und der Künstler »R« Wall entwarf ein großes Gemälde für die Fahrerseite. Art Nouveau hatte in den 1960er-Jahren eine psychedelische Wendung genommen und war mit einem Wildwest-»Old Time Medicine Show«-Gefühl kombiniert worden. Das Gemälde stellte einen Zauberer dar, der Jerry Garcia ähnlich sah und einen Zauberstab über die Bilder bewegte. Der Text unter dem Bild lautete: »Willkommen im Zeitalter der lebendigen Folklore.«

Am Ostersonntag 1996 veranstalteten sie mit der wiedergeborenen Bessie ein Freiluftfestival unter dem Motto »Die Auferstehung des Hippies« und verkündeten:

»Der Totentanz ist zu Ende, jetzt ist es Zeit, dass eine neue Generation den Tanz des Lebens aufgreift. Das ist der Tanz der Heilung, das ist das Zeitalter von ›Mother Earth's Healing Circus‹ und das Zeitalter der ›Lebendigen Folklore‹, in dem jeder die Träume von Frieden lebt, die von unseren Vorfahren, den Dead, zurückgelassen wurden.«

Das führte zu der legendären zweijährigen »Love Is the Jester«-Tour, für die Bessie zur Königin und zum führenden Fahrzeug gekrönt wurde. Jedes Mal, wenn Bessie in eine Stadt kam, hupten die Autos, und neugierige Zuschauer, alte wie junge, kamen und erzählten ihre eigenen Geschichten. In den nächsten drei Jahren fuhr sie Clowns, Einräder, Stelzen, ausgewählte Musikinstrumente, Kostüme aller Art und Clownutensilien durch ganz Amerika. Bei einer Reise von St. Louis nach Denver war sie mit sechs Zirkuskünstlern, zwei Einrädern, einem Rad, vier Paar Stelzen, einer großen Kiste mit Kostümen, einer Harfe, einem Banjo, einem Saxofon, einer Klarinette, einer Geige, einem elektrischen Klavier und einem zwei Jahre alten Baby beladen. Bessies größter Augenblick kam an ihrem 30. Geburtstag beim Oregon National Rainbow Gathering, wo die Living Folklore Medicine Show das berühmte »Clowns Take Over the Courtroom« (Die Clowns übernehmen den Gerichtssaal) aufführte, mit einer Musik, die von Spirit Union Revival stammte.

Leider kam die Zeit, in der Bessie mehr Aufmerksamkeit benötigte, als die Clowns ihr geben konn-

ten, und sie wurde mit großem Bedauern in eine unbekannte Zukunft verkauft. Ein Jahr später war sie auseinandergenommen worden, und es war für sie buchstäblich fünf vor zwölf – sie sollte verschrottet werden –, als die VW-Liebhaber Jerry und Melissa Jess sie bei der Jerome-Jamboree-Show entdeckten. Sie erkannten sofort die Einzigartigkeit des Busses und kauften ihn. Damit wollten sie sicherstellen, dass Bessies Geschichte weiterging, und sie entschlossen sich, sie zu restaurieren, einschließlich einer Neubemalung durch den Künstler Giggly Sprout. Jetzt, voll restauriert, mit einer Innenausstattung, die der Original-Hippiezeit entspricht, bereitet Bessie den Menschen wieder Freude. Jacob fasst zusammen, was Bessie symbolisiert:

Der Hippie ist natürlich ein Schelm und nicht allein an seinem Aussehen zu erkennen, sondern an seiner Lebensphilosophie der Freundlichkeit. Der Hippie war 26 Jahre lang DEAD (Gratefully), und niemand wusste noch etwas von ihm. Jetzt ist der Hippie wieder auferstanden, und rate mal, was er die Welt wissen lassen will? Wir sind da! Die Geschichte mit Bessie war wirklich ein Wunder, das alles übersteigt, was wir uns je erträumen konnten, und sie bringt viel Freude. Sie war und ist immer noch eine Aschenputtel-Geschichte, nichts Alltägliches! Jetzt sieht sie besser aus und fährt besser als jemals zuvor. Bessie bleibt für uns ein Symbol der Stärke, immer dazu da, Schönheit und Hoffnung auf verzweifelte Gesichter zu zaubern. Willkommen im Zeitalter der lebendigen Folklore! Bessie hat auf dem Totenbett gelegen, aber nur, um mit umso größerer Leidenschaft zurückzukehren und in uns allen den Träumer zu wecken. Genau wie die Living Folklore Clowns hat sie immer einige Joker in der Hinterhand. Wenn das Leben eine Geschichte ist, mach das Beste daraus ... und du kannst uns immer unter www.livingfolklore.com finden.

Die Liebe an die Macht

Es überrascht, wie viel Interesse einem Original-Hippie-Bus aus allen Ecken der Gesellschaft entgegengebracht wird. Der »Let Love Rule«-Bus macht das deutlich. Dieser Camper aus dem Jahre 1962 wurde im September 2003 von Mark Walker von der Firma Bus-Station VW-Bus, der einen Trip durch Europa unternahm, um Busse aufzukaufen, in Österreich gefunden. Er hatte Mitte der 1970er-Jahre einigen Travellern gehört, die damit durchs Leben gegondelt waren, sich den Hippie-Ideen der 1960er-Jahre verschrieben hatten und auch für die psychedelische Lackierung verantwortlich waren. Sie lebten einige Jahre in ihrem Camper und fuhren damit durch ganz Europa, besuchten Festivals und suchten den Sonnenschein. Ende der 1970er-Jahre war der Bus in andere Hände gekommen und hatte 30 Jahre weitgehend »pausiert«, bis er von Mark entdeckt wurde.

Er brachte ihn nach England zum Vanfest, wo er auf dem Bus-Station-Verkaufsstand angeboten wurde. Der Camper zog an diesem Wochenende so viele Kommentare auf sich und Fotografen an, dass Mark oft scherzte: »Wenn wir für jedes Foto ein Pfund genommen hätten, hätten wir in Rente gehen können.« Und er fährt fort: »Über keinen von uns importierten Van wurde so viel gesprochen wie über diesen, und selbst Goodwood hat uns letztes Jahr im September zum Revival eingeladen!« Der Van ist zwar sehr grob bemalt, und doch ist er ein sehr gutes Beispiel dafür, wie ein Halter mit einem solchen Fahrzeug seinen Lebensstil und seine Individualität ausdrücken kann.

Flower Power

Die Sehnsucht nach vergangenen Zeiten und verblassenden Träumen fesselt überall in der Welt die Vorstellungskraft der Menschen. Als die belgischen Organisatoren einer Ausstellung über die Geschichte der Popmusik ihr Event planten, wussten sie, dass sie für den Eingang eine Ikone und einen Eye-Catcher benötigten. Was konnte die Welt der Jugendkultur und der Musik der 1960er-Jahre besser darstellen als ein bunt bemalter Volkswagen-Bulli? Sie sprachen mit Bob Van Hengst, der BBT leitet, eine belgische Firma, die auf alte Volkswagen spezialisiert ist. Er konnte einen »Scheunentor«-Bus Baujahr 1954 zur Verfügung stellen. Bob hatte ihn erst kurz zuvor erworben und, nachdem er ihn wieder fahrbereit gemacht hatte, in seine berühmte VW-Museumssammlung gestellt, wo der Wagen auf eine neue Lackierung wartete. Bob war damit einverstanden, ihn an die Veranstalter zu verleihen, vorausgesetzt, sie lackierten das Fahrzeug und gaben es ihm nach der psychedelischen Wiedergeburt wieder zurück, wenn die Ausstellung beendet war.

Nachdem die Veranstalter einen Künstler damit beauftragt hatten, den Bus nach ihren Vorstellungen zu lackieren, wurde er für das Ticket-Büro am Eingang zur Ausstellung genutzt, um von Anfang an die passende Atmosphäre für die Besucher zu schaffen und sie in die richtige Stimmung zu versetzen, um das zu genießen, weswegen sie gekommen waren. Die 2003 eröffnete Ausstellung gab einen Überblick über die Geschichte der Popmusik, von den Wurzeln des Blues über den Rock 'n' Roll und den Acid Rock, Heavy Metal, Glam Rock und Punk bis in die Gegenwart. Sie war so erfolgreich, dass sie zwei Jahre lang gezeigt wurde. Der Bus ist jetzt wieder in Bobs privatem Museum untergebracht und steht für jedermann zum Verkauf, der ein Fahren ohne Schnickschnack und pur erleben will (ein Bus aus dem Jahre 1954 ist sehr spartanisch und einfach) – und dem es nichts ausmacht, ständig die Aufmerksamkeit der Polizei auf sich zu lenken.

Die Wiederbelebung des Traums im neuen Jahrtausend

Von allen Musikfestivals am Ende des 20. Jahrhunderts ist das Glastonbury-Festival dasjenige, das bis ins neue Jahrtausend überlebt hat, und für viele ist es der Inbegriff dessen, was ein Festival für Musik und alternative Lebensformen sein sollte. Der VW-Bulli gehört dazu, obwohl man dort eher saubere und gut gepflegte Fahrzeuge sieht als schmutzige, schäbige, psychedelische Versionen. Bei dem unberechenbaren englischen Wetter bietet ein Camper außerdem Schutz vor den Regengüssen und den Seen aus Schlamm, die Glastonbury so oft zu einem einmaligen Erlebnis werden lassen. Für einige Bulli-Besitzer, die ihren VW mit nach Glastonbury nehmen, ist es so etwas wie ein Initiationsritus, für andere eine Pilgerreise. Musik, die frische Luft, grüne Felder, Menschen, die vor Freude strahlen, Farben, eine lebendige Stimmung und die Gelegenheit, mit Gleichgesinnten zusammenzutreffen, die dem Alltag entfliehen wollen – das Leben ohne großen technischen Aufwand im VW-Bus gehört zum echten Glastonbury-Erlebnis unbedingt dazu.

Die Hippies sind zurück

Obwohl es nur noch wenige Reisende gibt, die versuchen, einfach und in Harmonie mit der Natur zu leben, wird die Erinnerung an den Zusammenhang zwischen Hippies, happy days und Hoffnung und dem Bulli auf den VW-Bus-Treffen lebendig gehalten. Abgesehen von allem anderen, macht es viel Spaß, sich bizarre und bunte Kleidung anzuziehen (heute sieht man so etwas gewöhnlich nur noch auf befremdlichen Fotos der Eltern in jüngeren Jahren). Treffen wie VW Action haben das gesamte Wochenende unter das Thema Flower Power gestellt, mit Retro-Acts im Tanzzelt, um die entsprechende Atmosphäre zu schaffen. Beim Vanfest 2005, das in der Größe erst vom VW-Bus-Jubiläumstreffen in Hannover im Herbst 2007 übertroffen wurde, versammelten sich viele verrückt gekleidete »Hippies« jeden Alters (obwohl auch eine abtrünnige Fraktion als Punks kam), die die ganze Nacht durch zu klassischen Cream- und Pink Floyd-Songs herumsprangen. Es gab sogar live auf der Bühne einen Heiratsantrag. Man fragt sich, was die ursprünglichen Hippies über all das denken würden – aber sie würden wahrscheinlich lächeln und sagen: »Weiter so, Mann, und bleib in Stimmung!«

OFE 124V
MRD 701J

NYW560L

Das Fahrzeug für Weltverbesserer

Während die Ideale der 1960er-Jahre langsam verblassen und ihren Glanz verlieren mögen, halten einige Campervan-Besitzer diese Träume lebendig, indem sie das Fahrzeug nutzen, um Freude und praktische Hilfe zu den weniger Glücklichen in der Gesellschaft bringen. Der VW-Bus bietet die unterschiedlichsten Verwendungsmöglichkeiten, und besonders mitfühlende Menschen nutzen ihn, um Geld für wohltätige Zwecke zu sammeln. Das ungewöhnliche Äußere des Bullis hat zur Folge, dass er überall auffällt und man ihm positiv gegenübersteht, und er ist vielseitig genug, um Menschen und Hilfsgüter zu transportieren und sogar auf Missstände aufmerksam zu machen. In Großbritannien haben VW-Camper Geld für Wohltätigkeitsorganisationen wie »Kinder in Not« gesammelt, indem sie durch die Lande fuhren und in Städten und Dörfern Halt machten. Dekorierte, mit Ballons geschmückte Camper nahmen in vielen Städten an Festumzügen teil und sammelten Geld von den Zuschauern für karitative Zwecke. Die drei Beispiele, die hier beschrieben werden – sie stammen aus Großbritannien, Deutschland und den USA – zeigen, dass sich die Camper ganz unterschiedlich nutzen lassen, um anderen zu helfen.

Der Guthrie Walk

Die Tatsache, dass der VW-Camper in dem Film *Alice's Restaurant* (siehe Seite 78) eine zentrale Rolle spielte, hat zu einer jährlichen Spendensammlung für Huntington-Kranke, den »Guthrie Walk«, geführt. Woody Guthrie (Arlos Vater) war in einer Szene des Films im Krankenhaus zu sehen und starb später an der Huntington-Krankheit. In Reaktion auf dieses tragische Ereignis errichtete die Familie ein Zentrum für die Erforschung der Krankheit. Vor Kurzem kam jemand auf die Idee, VW-Camper zu nutzen, um die Menschen, die von Haus zu Haus gehen, um Geld zur Bekämpfung der Krankheit zu sammeln, zu unterstützen und zu transportieren. Lisa Guthrie, die mit einem von Woody Guthries Enkelkindern verheiratet ist, tut viel für die Publicity und erinnert sich, wie der Guthrie Walk zustande kam.

Als im Sommer des Jahres 2000 eine Gruppe von HD-Kranken (Huntington's Disease) vom Laurel Lake Center HD Program in Lee, Massachusetts, für einen Tag in das Guthrie Center kam, um zu trainieren, Mittag zu essen und ganz einfach zu entspannen, sagte eine der Frauen mit HD: »Wie schön wäre es, wenn irgendjemand für uns einen Sternmarsch machte.« So begannen Jim Pollard vom Center und ich darüber nachzudenken, dass wir Arlos »Historic Garbage Trail« nachvollziehen könnten. Weil wir nicht wussten, wie lang er war, fuhren wir ihn einige Male ab und stellten fest, dass er etwas mehr als sechs Meilen lang war – also machbar! In dem folgenden Winter begannen wir mit der Planung. Wir entschieden uns für den Mai, denn das war der nationale Huntington's-Disease-Monat. Weil Arlo in einem Kleinbus gestorben war, sollten die Teilnehmer mit solchen Bussen wieder zum Center (das ist die Kirche, die durch *Alice's Restaurant* berühmt geworden war) zurückbefördert werden. Wir gingen zu unserem VW-Händler in Pittsfield und sprachen dort mit Jim D., der selbst einen alten Kleinbus besaß. Er machte uns mit einigen Fahrern bekannt, wir verschickten die Informationen an die Mitglieder des Guthrie Centers und an die HD-Familien, und der Rest ist Geschichte.

Der Walk begann in der Kirche und ging durch die Stadt Housatonic nach Stockbridge, durch die Stadtmitte, vorbei an der Polizeistation, wo wir dankbar an Officer Obie zurückdenken, der es uns ermöglichte, unser Bild hinter der Tür der Zelle anzubringen, in der Arlo gesessen hatte, bevor wir zum ehemaligen Alice's Restaurant weiterzogen, das jetzt Theresa's heißt. Dort bekam jeder Sandwiches, Getränke und Theresas berühmte Chocolate-Chip-Cookies. Danach stiegen alle in den alten Kleinbus, um zur »Kirche« zurückgefahren zu werden. Im ersten Jahr (2001) nahmen wir ungefähr 6000 Dollar bei etwas über 70 Marschteilnehmern für die Pflege der HD-Kranken ein, 2003 konnten wir den Betrag auf über 20 000 Dollar bei über 100 Teilnehmern steigern! Für uns war es fantastisch, den Marsch wachsen zu sehen, und jeder wartete bereits auf das nächste Jahr.

Das gesamte eingenommene Geld wurde zwischen der Casa Hogar, einer Gemeinschaft von über 1000 Huntington-Kranken in Venezuela, und der Marjorie-Guthrie-Stiftung aufgeteilt, die international tätig ist. Sie hilft, HD-Informationen in verschiedene Sprachen zu übersetzen und zu publizieren und lädt Menschen aus anderen Ländern zu Konferenzen ein, um die aktuellsten Informationen über die Krankheit zu vermitteln.

In dem Film *Alice's Restaurant* symbolisiert der VW-Bus Spaß, Freiheit und Hoffnung, und es ist gut, dass fast 40 Jahre danach der VW-Bus wieder den Menschen hilft, Freiheit und Hoffnung für die Zukunft zu finden. Wer mehr über die Casa Hogar und die Marjorie-Guthrie-Stiftung erfahren möchte, kann Kontakt aufnehmen mit Jim Pollard, dem Experten für Familien, die mit dieser Krankheit leben. Die E-Mail-Adresse lautet: jjpollard@comcast.net.

Im Geist des ursprünglichen Films werden VW-Bullis eingesetzt, um die Marschierer zurückzubringen, und alle werden von einer Art Karnevalsstimmung erfasst.

78B Y20

RESHMENTS
otdog
Bacon Cheeseburger
E COLD DRINK
LITTLE INDIA
SUPPORTING STREETKIDS & ORPHAMS
www.msm.org.uk
MFA 10G

Mustard Seed Ministries

Jedes Jahr fährt zwischen April und Oktober ein bunt lackierter VW-Camper Verkaufsstände und Waren im Gesamtgewicht von 2,5 Tonnen zu den verschiedensten Volkswagen-Treffen in England und Wales. Die »Little India«-Verkaufsbude, die von dem Ehepaar Rick und Gilly betrieben wird, verkauft Kleidung, Textilien und Bastelarbeiten, und das gesamte Geld, das die beiden einnehmen, geht direkt an ihre Wohltätigkeitsorganisation Mustard Seed Ministries. Sie gründeten die Organisation 1993, um Straßenkindern und Waisen in Indien zu helfen, nachdem sie unmittelbar zuvor mit den Problemen dieser Kinder, ihrer Armut und ihren geringen Zukunftschancen konfrontiert worden waren. Nach einem Besuch in Goa als Tourist hatte Rick das Gefühl, dass etwas unternommen werden müsse, um diesen Kindern, die an den Stränden betteln, zu helfen, und ihm wurde schließlich klar, dass dieses »Etwas« in ihm selbst steckte.

Ihre ersten Bemühungen führten zum Aufbau einer Schule am Strand, die unter einem alten Fallschirm eingerichtet wurde. Genauso wie sie den Kindern zu Nahrung verhalfen und ihnen etwas Bildung beibrachten, lehrten sie sie, sich von gewissen Touristen fernzuhalten, die sie als Freiwild betrachteten. Einmal luden sie zu Weihnachten über 180 Kinder ein, bewirteten und beschenkten sie.

Seit dieser Zeit hat sich ihr Engagement so weiterentwickelt, dass sie heute zahlreiche Unterkünfte und Heime für Kinder unterstützen, die Waisen sind, aus schwierigen Familien stammen, emotional beeinträchtigt sind oder sonst wie Hilfe benötigen. Mustard Seed Ministries betreibt die Projekte nicht selbst, sondern verfolgt die Zielsetzung, Menschen vor Ort, die ein Herz und Visionen haben, zu ermutigen und finanziell zu unterstützen. Kürzlich kamen sie mit der Organisation Faith and Football in Kontakt, die in Portsmouth ansässig ist und Spenden für den Bau einer Kirche, eines Waisenhauses, eines Krankenhauses und von Wohnungen in Goa sammelt.

Ebenso, wie sie aktiv halfen, als sie in Indien waren, zum Beispiel bei der Überwachung der Aufbauarbeiten, setzten Rick und Gilly sich dafür ein, Produkte von dort zu vermarkten. Sie brachten diese nach England, wo sie sie verkauften, um an Geld für die sozialen Projekte zu gelangen. Sie kaufen die Waren direkt von den Familien und bauen so Verbindungen zu ihnen auf, die wiederum helfen, die Wirtschaft vor Ort zu entwickeln. Trotz fünf Herzinfarkten und mehrfacher Bypass-Operationen macht Rick weiter und erklärt dies aus seinem christlichen Glauben.

VW-Camper gehörten immer zu Ricks Leben dazu, und zwei Bullis werden gegenwärtig von einem Mechaniker in Goa für den Einsatz dort restauriert. Der »Little India«-Bus fährt jedes Wochenende den Stand und die Waren zu den Veranstaltungen, bekommt dort viel Aufmerksamkeit und ruft so manches Lächeln hervor.

Wer Rick und Gillys Arbeit unterstützen möchte, hier ihre Kontaktadresse: streetkids@msm.org.uk.

Rick und Gilly mit Pedro und Gemilda Lima, den Hauseltern des Shallom House in Goa, vor einigen Handwerksarbeiten, die sie verkaufen, um für diese Wohlfahrtseinrichtung Geld zu sammeln.

Bullis bringen Freude

Michael Steinke gesteht, ein VW-Bus-Besessener zu sein, und wird in der »Bulli-Welt« sehr für seine Kompetenz und sein Wissen geachtet. Früher gehörte er zum Vorstand der Bulli-Kartei, des deutschen T1-Clubs, heute führt er das Westfalia-Register, und er hat viele Bücher über die Geschichte und den Einsatz von VW-Bussen in allen ihren Ausführungen und Generationen geschrieben. Und er ist jemand, der an der Welt, in der wir leben, großes Interesse zeigt.

1992 begannen Michael und einige gleich gesinnte Freunde die üblichen VW-Treffen und Camping-Wochenenden irgendwie langweilig zu finden. Der Krieg in Bosnien beherrschte die Schlagzeilen, und Bilder von verwüsteten Landstrichen, zerbombten Städten und verzweifelten Familien, die unter menschenunwürdigen Bedingungen leben mussten, flimmerten über die Fernsehbildschirme. Noch verstörender war jedoch, dass das alles in Europa geschah, direkt vor der eigenen Haustür. Als sie eines Abends vor ihren Campern saßen, kam das Gespräch auf die unschuldigen Menschen und darauf, wie man ihnen helfen könne. Man erinnerte sich an die alten Werbeaussagen für Einsatz- und Rettungsfahrzeuge auf der Basis des VW-Transporters wie »Der VW-Transporter – Ihr Helfer in Gefahr und Not«, und die Gruppe überlegte, wie sie mit einigen älteren VWs etwas gegen die Gefahr und das Elend unternehmen könnte. So wurde der Gedanke geboren, einen Hilfskonvoi zusammenzustellen: »Bullis bringen Freude« (BBF) wurde in die Tat umgesetzt.

Seit diesem Entschluss hat BBF über 30 Fahrten unter anderem nach Bosnien, Rumänien und Tschechien unternommen und Medizin, Bekleidung, Spielzeug, Werkzeug, Küchenausstattung, Heizungen und Fahrräder zu Waisenhäusern und wohltätigen Einrichtungen gebracht. Die Wagen, die man für den Transport benutzte, waren sowohl moderne T4 als auch alte Camper mit geteilter Scheibe, Kastenwagen, Pritschenwagen, Doppelkabinen, Krankenwagen und Hochdach-Busse, voll beladen mit Ersatzteilen. Als schließlich eine gewisse Stabilität in der Region einkehrte, machten Hilfsmittel für Behinderte wie Rollstühle und Hebezeug zum Baden den Hauptanteil der Hilfe aus. Sogar alte Kranken- und Pritschenwagen schenkte BBF den Organisationen. Diese Fahrzeuge waren ihrerseits Spenden, und daneben sammelte man Geld durch Ersatzteilverkäufe, Basare und Verlosungen. Eine Haupteinnahmequelle war der Verkauf spezieller Brekina-Modelle von Bussen und Campern, die am Konvoi teilnahmen. Sie sind nicht nur sehr gesuchte Sammlerstücke, sondern gaben den VW-Bus-Fans auch die Möglichkeit, einen Beitrag zu den wohltätigen Aktivitäten zu leisten.

Als der Frieden zurückkehrte und die Regierungen wieder eine gewisse Ordnung herstellten, wurden die Konvois durch Abgaben in den Transitländern und Importzölle so stark belastet, dass im Jahre 2003 die Fortsetzung dieser humanitären Hilfe zu kostspielig wurde. Deshalb entschloss sich die Gruppe 2004, etwas anderes zu tun, und kombinierte einen BBF-Urlaub mit einer Geldsammelaktion. Diesmal kamen sie nach England; ein Freund aus Schottland schlug vor, Geld für den Daisy Chain Trust zu sammeln, der sich der Erforschung und Behandlung von Brustkrebs widmet. Man wählte ein besonderes Brekina-Busmodell mit Hochdach aus, um es für den wohltätigen Zweck zu verkaufen. Die Gruppe traf sich mit Freunden und Bus-Liebhabern in England und Schottland und übergab Lady Kirkwood, der Präsidentin des Daisy Chain Trusts, einen Scheck, bevor sie zu einem Urlaub ins schottische Hochland aufbrach.

Die Kombination ihrer Leidenschaft für alte Camper mit dem Wunsch, ein wenig Glück zu verbreiten und anderen zu helfen, das ist die Zielsetzung von BBF. Wie Buddha sagte: »Selbst durch fallende Tropfen füllt sich ein Topf mit Wasser.« Michael scherzt, dass BBF heute vieles heißt: »Bullis bringen Freude, Freundschaft, Finanzen, Fun.«

Solche Menschen und ihre Camper können etwas bewirken, und sie tun es auch. Einige Träume bleiben so lebendig.

7 Mal deinen Volkswagen bunt an!

animal
EAT MY..
COOLED
NTG 98R

V25 959

Die großen Seitenflächen eines Volkswagen-Busses waren immer schon die ideale Leinwand, auf der man seine individuellen Vorstellungen zum Ausdruck bringen konnte. Der erste Transporter, der im März 1950 vom Band lief, wurde grundiert an den Parfümhersteller 4711 ausgeliefert, der ihn sofort in seinen Firmenfarben lackieren und mit seinem Firmenlogo verzieren ließ – die ideale mobile Werbefläche. Andere Firmen folgten, und in den 1960er-Jahren publizierte Volkswagen eine Broschüre, die speziell lackierte Busse überall in der Welt zeigte, um für diese Idee und ihre Möglichkeiten zu werben.

Die Standardfarben von Volkswagen waren verschiedene Schattierungen in Pastell, und nur die Busse waren zweifarbig lackiert. 1958 wurde das Schema mit dem dunklen über dem hellen Farbton in eines mit einem hellen über dem dunklen abgeändert, wobei die obere Hälfte in Hellgrau oder Weiß lackiert wurde. Die Karosseriefarben waren Pastelltöne in Rot, Grün, Blau und Grau, die eher zurückhaltend als kräftig waren. Die Vielzweck-Kombi-Modelle waren einfarbig lackiert: Graublau, Hellgrau und Weiß waren die häufigsten Lackierungen. Die Camper-Umbauten blieben in den Standardfarben, und erst in den 1970er-Jahren kamen Töne in Orange, Hellblau und Tiefrot ins Programm. Metallic-Lacke wurden erst in den 1980er-Jahren verwendet.

Ende der 1960er-Jahre wurden Busse jedoch von einer neuen Generation gekauft und gefahren. Inspiriert von der psychedelischen Revolution und der Hippie-Bewegung, sahen junge Leute im Volkswagen-Bus die perfekte Gelegenheit, sich selbst und die eigene Kultur auszudrücken, indem sie ihren preiswerten und zuverlässigen (und gewöhnlich schäbigen) Camper in wilden und verrückten Farben lackierten und ihm so ein individuelles Gesicht gaben. Manchmal wollten sie ihre eigenen Werte zum Ausdruck bringen und der Welt zeigen, dass sie anders waren und dass die Standardfarben der Camper ihrer Eltern out waren, aber es war auch ein einfacher Weg, um Rost und abgenutzten Lack zu übertünchen. Eine kreative »Lackier-den-Bus-Party« machte mehr Spaß, als die Wände der armseligen Kellerwohnung eines Freundes anzustreichen. Einige Camper allerdings sind mehr als ein zufälliger Mischmasch von Farben, sie sind eigenständige Kunstwerke.

Dieser bei der Beach Buggin Show in Poole fotografierte Camper lebt immer im Sonnenparadies.

Ein Bus namens Light

In den 1960er-Jahren nutzten viele Bands und Musiker VW-Camper und -Busse für ihre Touren. Sie waren nicht nur günstig in der Anschaffung und im Unterhalt, sondern hatten auch Charakter und konnten viel transportieren. Eine dieser Band war Light aus Baltimore, Maryland. Ihr Bus war 1968 von dem Künstler Dr. Bob Hieronimus aus Baltimore gestaltet worden und wurde im Jahr darauf auf dem Festival in Woodstock mit zwei Bandmitgliedern, die auf dem Dach saßen und die Stimmung genossen (siehe Seite 79), fotografiert. Das Foto wurde in den meisten Magazinen und Zeitungen jener Zeit veröffentlicht, von der *New York Times* bis zum *Rolling Stones Magazine*. Es fängt den Geist der Veranstaltung und der Zeit symbolhaft ein und wurde zum Ideengeber für das Aussehen vieler VW-Camper.

Der Musiker Bob Grimm hatte das Kunstwerk seines Freundes Dr. Bob auf dessen eigenem Käfer, »Old Smoke« genannt, gesehen und Dr. Bob gebeten, die Seitenflächen des VW-Busses, den die Band als Transportfahrzeug benutzte, mit einem Gemälde zu verschönern. Im Gegensatz zum Mythos in den Medien war dieser Bus nicht speziell für den Auftritt in Woodstock lackiert worden, und obwohl er oft als der »Woodstock-Bus« bezeichnet wurde, hieß er offiziell »Light« nach dem Namen der Band. Dr. Bob hatte bereits einige Fahrzeuge bemalt und war gerade beauftragt worden, für einen Aufenthaltsraum der Johns-Hopkins-Universität ein Gemälde zu entwerfen.

Dr. Bob bevorzugte die »esoterische Kunst«, die auf ewige Weisheiten setzt und von klassischen Kulturen und Mythologien erzählt. Er sah in der Bemalung von Fahrzeugen eine Möglichkeit, mobile »Reklameflächen« zu schaffen, die Ideen über die Natur des Seins und den Platz der Menschen im Universum kommunizierten. Außerdem erkannte Dr. Bob das Potenzial, das in der Form des VW-Busses steckte: Er konnte ein einheitliches Gestaltungsthema über die Seiten und das Dach des Fahrzeugs anlegen und detailliert ausführen.

Dr. Bob schuf nicht nur große Wandgemälde, er verbrachte einen Großteil des Sommers 1968 auch damit, hinter der Bühne mit Jimi Hendrix, den Doors und Peter Rowan's Earth Opera über Astrologie, Atlantis, Reinkarnation, Meditation und Ufos zu diskutieren. Bald jedoch wurde es ihm zu aufreibend, ohne eigenes Atelier nur mit Rucksack und Skizzenblock unterwegs zu sein, und er kehrte nach Baltimore zurück, wo er sich in Ruhe seiner Kunst widmen konnte. Bob Grimm war begeistert davon, solche Szenen auf seinen Bus gemalt zu bekommen, und so vollendete Dr. Bob, bevor er die Arbeit an dem Wandgemälde in der Universität begann, den Light-Bus. Der Bus wurde für den Transport der Band zu den Auftritten benutzt und erregte, wo immer sie spielte, Aufmerksamkeit.

Obwohl er ein Ticket besaß, verpasste es Dr. Bob, nach Woodstock zu kommen, weil er so sehr in seine Arbeit vertieft war, aber Bob Grimm und die Mitglieder von Light – Rick Peters, Walt Bailey und Trudy Morgul – fuhren mit dem Light-Bus hin. Wegen des fürchterlichen Matsches fuhren sie ihn auf einen höher gelegenen Punkt und verbrachten die meiste Zeit auf dem Dach des Busses, genossen die Stimmung und hörten Santana, Jefferson Airplane, Arlo Guthrie, Hendrix, The Who, Country Joe, Crosby, Stills und Nash, um nur einige Rocklegenden zu nennen, die bei diesem Event auftraten. Rick und Trudy sind auf dem berühmten Foto auf dem Dach des Busses zu sehen; sie wurden so zu anonymen Symbolen der Woodstock-Generation.

Anders als bei den stereotypen Hippie-Bussen war das Design peinlich genau geplant und ausgeführt, sodass alle Symbole, Schriftzüge und Formen miteinander harmonierten und die beiden Seiten und die Frontpartie auf einem ästhetischen und symbolischen Niveau zusammenkamen. Die dargestellte Geschichte erzählt in verschiedenen Dimensionen von höheren Wesen im Universum, die uns in die Lage versetzen, kosmisches Bewusstsein zu erlangen. Die Fahrzeugfront zeigt, wie wir, bevor wir in das Zeitalter des Wassermanns eintreten, uns noch einmal bewusst werden, was wir zurücklassen und wo wir hingehen. Das »Adlerbild« (auf der linken Seite) veranschaulicht Amerikas Bestimmung, alle Völker der Erde zusammenzubringen. Das Sphinx-Gemälde (Ladetür-Seite) repräsentiert all die verschiedenen Einflüsse, die dazu beigetragen haben und noch beitragen, dass die Menschheit diese Bestimmung erfüllt. Dr. Bob sagte später:

»Nachträglich ist es interessant, dass die Symbole, die ich auf diesen Bus gemalt habe, in sehr enger Beziehung zu dem gewaltigen Ereignis (Woodstock) standen. Wer Augen hatte zu sehen und Ohren zu hören, verstand seine Botschaft: Es ging darum, wer wir sind und welchen Zweck das Leben auf der Erde hat: anderen zu dienen und sich auf das kosmische Bewusstsein hinzuentwickeln.«

Denen, die mehr über das, was Dr. Bob auf dem Light-Bus ausdrücken wollte, erfahren wollen, erklärt es Dr. Bob auf seiner Website www.21stcentury.com/woodstockbus.htm, wo man noch weitere seiner Kunstwerke und Wandbilder sehen kann.

Light war nicht nur einer der ersten VW-Camper, der auf diese Art lackiert wurde, sondern seine Woodstock-Vergangenheit macht ihn wichtig und zukunftsweisend. Er ist nicht einfach nur ein weiterer »Hippie-Bus«, sondern ein Kunstwerk im eigentlichen Sinn, das die Stimmung und die Sehnsucht einer Generation auf der Suche nach ihrer Identität und ihrem Ort im Gefüge des Universums wiedergibt. Der Bus mag zur Legende geworden sein, aber sein Erbe als Inspiration für eine neue Generation von Camper-Besitzern lebt weiter.

Derzeit arbeitet Dr. Bob an einem weiteren künstlerisch gestalteten Fahrzeug, dem ersten seit über zehn Jahren. Es ist eine Mercedes-Limousine aus dem Jahre 1983, die er »Dark Horse« genannt hat und mit Motiven aus seinem Buch *Founding Fathers and Secret Societies* gestaltet hat, das 2006 bei Inner Traditions International erschienen ist.

Bob Grimm mit dem Light Bus und Dr. Bobs Käfer (oben).

Die Gemälde erzählen eine Geschichte von außerirdischen Wesen, die der Menschheit dazu verhelfen, ein kosmisches Bewusstsein zu erlangen (unten).

The Spirit of Salcombe

Die Tradition der bunten sogenannten Hippie-Busse mit Blumen, astrologischen Symbolen und psychedelischen Mustern gab es hauptsächlich in den USA. Sie kennzeichnete den lockeren Geist der Zeit so sehr, dass dieses Bild heute in den Vorstellungen vieler mit dem Volkswagen-Bus identifiziert wird; zwar haben die Zeiten sich geändert, aber es gibt immer noch Camper, die Kunstwerke sind, allerdings auf ganz andere Weise als der Light-Bus.

Ein sehr gutes Beispiel dafür ist Fred Crellins Camper-Bulli aus dem Jahre 1972 mit einer naturalistischen, fantastisch detaillierten Darstellung der Salcombe-Küste in Devon, die den Wagen rundherum besonders schmückt.

Bekannt unter dem Namen »Spirit of Salcombe« (Geist von Salcombe) oder kurz »Sally« genannt, wurde er im September 2002 von Fred Crellin gekauft, als er lausig gelb und weiß lackiert war. Neben seiner Teilzeitarbeit als Lehrer für Design betreibt Fred künstlerisches Airbrushing und leitet die Artimagination-Airbrush-Schule, und so war die Airbrush-Lackierung für den Bus selbstverständlich. Fred ist begeistert vom Surfen und liebt die Salcombe-Küste, sodass er beides als Inspiration für sein Design nahm. Seine eigenen Fotos der Küste dienten ihm als Ausgangspunkt seiner Arbeit. Fred fertigte die Lackierung ganz allein an und brauchte dafür vier Monate, wobei er auch am Weihnachts- und Neujahrstag und in den dazugehörigen Nächten arbeitete. Fred erklärt, was er am liebsten mag, wenn er mit Sally unterwegs ist:

»Ich bin immer ganz aufgeregt, wenn ich die Freude auf den Gesichtern der Menschen sehe, die den Wagen zum ersten Mal erblicken … besonders auf meinen langen Reisen auf den Autobahnen … irgendwie habe ich das Gefühl, dass die meisten wissen, wohin wir fahren oder woher wir kommen … ich weiß nicht, wie!«

Sally brachte bei der Hochzeit von Fred und Ginny die Braut zum Standesamt. Wo sie auftaucht, sammelt sie weiterhin Scharen von Bewunderern um sich, obwohl Fred immer wieder bestürzt ist, wenn er gefragt wird, ob das Bild aufgeklebt sei.

Tiger Bay

Tony und Yvonne Sulley sind überzeugte VW-Fans. Sie waren bei der Gründung des Born-Again-VeeDub-Clubs dabei, halten ihn am Laufen und verbringen die meisten Wochenenden in ihrem Camper, entweder bei einem Treffen oder mit ihren Clubkameraden. Dieser Club wird nicht von strengen Regeln beherrscht, sondern ist eher so etwas wie eine weitverstreute Familie, die sich an jedem Wochenende zu einem großen Familientreffen versammelt.

Um einen orange-weißen Camper mal ganz anders zu gestalten, entwickelten Tony und Yvonne die Idee eines VW-Safari-Busses. Tony machte sich sofort daran, das Interieur in einem Leoparden-Muster anzufertigen, während Yvonne alles zu diesem Thema sammelte, vom Geschirr bis zu Kuscheltieren. Yvonnes Onkel ist von Beruf Grafiker und Autolackierer und stimmte schließlich nach langer Überredung zu, den Bus für sie zu lackieren. Er benutzte Autolacke und machte alle Tigerstreifen und Farbabstufungen mit der freien Hand und Augenmaß in der Garage, wobei er aus Platzgründen immer nur an einer Seite arbeiten konnte. Das Resultat ist erstaunlich und kostete lediglich 50 Pfund Sterling. Ihr Käfer, der hier ebenfalls abgebildet ist, war ursprünglich genauso lackiert, aber als ihr Sohn Joe ihn übernahm, wurde ihm ein völlig neues Outfit verpasst.

Raspberry Split

Flammen wurden lange Zeit mit Hot Rods und Spezialanfertigungen assoziiert, und diese Tradition ist in der VW-Camper-Welt auch heute noch vorhanden. Mike und Kate Port besitzen diesen Camper seit 2001. Sein Name ist »Raspberry Split« (Himbeer-Split, der Name spielt auf die Farbe und die Modellbezeichnung an), obwohl der Camper ursprünglich ein Bus in Schwedisch-Blau und Weiß war, der irgendwann in Rot und Weiß neu lackiert wurde und bei dieser Gelegenheit eine handwerklich gute Innenausstattung bekam. Er hatte Safari-Aufstellfenster, Empi-Fünfspeichenfelgen, einen neuen Vege-Motor und ein Austauschgetriebe. Mike musste nur die Bremsen überholen, bevor er sich daranmachte, dem Wagen das gewünschte Aussehen zu geben.

Nachdem er den Wagen tiefergelegt hatte, folgte Mike den Vorstellungen der amerikanischen Hot-Rod-Straßenfahrzeuge, klebte auf die Gürtellinie und die V-förmige Linie am Vorderwagen einen schwarz-weiß karierten Streifen, ebenso auf die Seitenspiegel, auf die Mitte der Radkappen und in die Scheinwerfergehäuse. Dasselbe Muster wiederholt sich auf der Armaturentafel und den Schmutzfängern. Die Räder bekamen Zierblenden und wurden mit Rotwandreifen ausgestattet. Kate renovierte die Innenausstattung, indem sie die Innenbleche mit Textilien mit einem Salzkristallmuster, in dessen Mitte sich ein Stück Kunstleder befand, verkleidete. Ein aufgesetzter Schalthebelknauf, getönte Scheiben und eine aluminium-silberfarbene Umrahmung der Safarifenster rundeten die Ausstattung ab. Die Ankunft von Baby Josie machte einige Veränderungen notwendig, wie zum Beispiel ein »Tor« nach hinten (zwischen den Sitzen, um ein Laufställchen zu bekommen).

Als im Jahre 2003 die Lackierung um die Türen und im Bereich der Radhäuser Blasen warf, sodass die verrosteten Teile entfernt und ersetzt werden mussten, sah Mike darin die optimale Gelegenheit, den Wagen in einem kompletten Hot-Rod-Flammenlook zu lackieren, wie er es immer gewollt hatte. Er bezog die reparierten Bereiche in das geplante Flammenbild mit ein und gab dadurch dem Wagen einen neuen Look. Mike klebte die Flammenlinien mit dünnem Designband ab, während sein Freund Ant unter Mikes Aufsicht die Farbe aufbrachte. Das Ergebnis war erstaunlich, denn es verwandelte den Bus in einen echten »Hingucker« – und zwar so sehr, dass die *Sunday Times* in ihrem Artikel über das »Run to the Sun«-Treffen 2004 über ihn berichtete.

Der Camper ist auch mit einigen individuellen und persönlichen Details ausgestattet, einschließlich eines Geckos, der das Dach hinaufklettert, eines kleinen Balls auf der Antenne, eines geschmückten Dachgepäckträgers und einer gestalteten Trinkflasche. Mike arbeitet kontinuierlich daran, seinen Camper mit weiteren Details auszustatten – selbst wenn er ihn benutzt. Ein Hibiskusblütenmuster auf dem Armaturenbrett wurde zum Beispiel während eines Surf-Wochenendes eingeprägt, nachdem Mike die Prägewerkzeuge vor Ort in einem Geschäft entdeckt hatte.

Surfen, Camping und VW-Busse sind für diese Familie das Ein und Alles, und sie können sich ein Leben ohne diese drei Dinge nicht vorstellen. Der Camper ist das perfekte Gefährt für ihren spontanen und ungezwungenen Lebensstil, da er ihnen alles bietet, einschließlich Nahrung und Schlafgelegenheiten, sodass sie buchstäblich zu jeder Zeit dorthin fahren können, wohin sie wollen. Die Innenausstattung ist absolut kinderfreundlich, und trotz der Ankunft von Josie verbrachten sie die meisten Wochenenden entweder in Woolacombe oder in Croyde, wo sie immer noch surfen. Josie hat bereits ihren eigenen Neoprenanzug und ist gerne mit dem Bus unterwegs. Sie benutzt entweder ihr eigenes »Lenkrad«, wenn sie mit ihrem Vater vorn im Auto sitzt, oder spielt in ihrem eigenen »Zimmer«. Es geht zum Surfen – macht die Bretter klar!

Der Goth-Bus

Dieser T3 begann sein Leben 1986 als einfacher Kastenwagen. Nachdem er zwei Jahre lang Material transportiert hatte, wurde er auf einer Fahrzeug-Auktion in Bristol angeboten. Mike Goldsmith war gerade arbeitslos geworden und suchte nach einem preiswerten, zuverlässigen Fahrzeug, vorzugsweise nach einem Volkswagen, und dieser 1600-Diesel-Van entsprach genau seinen Vorstellungen (und seinem Geldbeutel). Ein Kastenwagen bildete die ideale Basis für Mike, um daran zu arbeiten. Er baute eine Campingausstattung ein, Seitenfenster und ein Hubdach, und der Kastenwagen hatte sich in einen Camper verwandelt. Eine neue, glänzend rote Lackierung, bunte seitliche Aufkleber, ein neues Kennzeichen VUW 666 – und der Red Devil war fertig für den Rock and Roll und um einige Seelen einzufangen. Das Ungetüm wurde so sehr zur Marke, dass sich Mike für das Wochenende ein besonderes Polo-Shirt mit der Aufschrift »Red Devil« anfertigen ließ.

2004 demolierte ihm irgendjemand im Sainsbury-Parkhaus die komplette Seite (und machte sich aus dem Staub), was bedeutete, dass die neue Lackierung, die Mike sich vorgenommen hatte, jetzt dringend notwendig wurde. Er fand schließlich genau den Rotton, den er gesucht hatte – Mazda-MX5-Metallic-Rot, das einen orangefarbenen oder goldenen Schimmer hat, wenn die Sonne entsprechend darauf fällt.

Mike hatte die ursprünglichen Dekore sehr gemocht, entschied sich jetzt aber für etwas Wildes und ganz anderes. Er beschloss, den Wagen im Airbrush-Verfahren im Gothic-Stil zu lackieren. Er hatte die Idee, auf der gesamten Dachfläche einen Drachen aufzubringen, der aussah, als befinde er sich im Sturzflug, wenn das Dach aufgestellt war, und er hatte auch ganz bestimmte Vorstellungen von Untoten und Gespenstern, übertrug aber schließlich die gesamte Gestaltungsverantwortung Mal Roberts, dessen Kunstwerke in der Biker-Szene sehr bekannt sind. Die Entwürfe wurden mit der Hand auf Acetat gezeichnet und dann auf die Flächen projiziert, die mit Airbrush versehen werden sollten. Als er das Resultat sah, traute Mike seinen Augen kaum, so hatte sich der Bus verändert. Er sagt, er fühle sich wie der »King of the Road«, wenn er den Wagen fahre. Er schätzt auch die Tatsache, dass der Wagen nicht größer als ein modernes Fahrzeug ist, dafür aber weitaus vielseitiger, d.h., er kann anhalten, wann und wo er will. Oh, und er liebt es, die Leute zu beunruhigen. Die Untoten sind zurück in der Stadt … bringt eure Kinder in Sicherheit!

T3-Retro-Twist

Lol und Rob Cracknell haben erst kürzlich die Welt des VW-Campers für sich entdeckt. Nach vielen Jahren als überzeugte Zelter fanden sie die Vorstellung, irgendwo anzukommen und alles bereits fertig vorzufinden, sehr interessant. So kauften sie unmittelbar vor dem Vanfest 2005 einen T3-Camper, und ihre Tochter Rachel und deren College-Freundin Louise machten sich daran, ihn bunt zu lackieren. Mit Spraydosen und Schablonen erledigten die beiden jungen Frauen die gesamte Arbeit in nur zwei Tagen. Rob und Rachel zeigen das Ergebnis stolz oben auf dem Foto.

Die Mischung aus Flower-Power-Retro-Look und modernen städtischen Elementen war ein wichtiger Diskussionspunkt auf der Ausstellung, und Rob und Lol waren über die Aufmerksamkeit, die »Molly« entgegengebracht wurde, sehr überrascht, ebenso über die Art, wie sie sofort in die VW-Bus-Familie aufgenommen wurden. An diesem Wochenende gewannen sie viele neue Freunde. Sie freuen sich jetzt jedes Wochenende auf die Bulli-Szene ebenso wie auf die Fahrten mit ihrem Camper. Rob liebt das Aussehen, das Rachel für den Bulli geschaffen hat, und sagt: »Man weiß immer sofort, dass wir es sind!«

Alles hat zwei Seiten

Dieser Besitzer wurde entdeckt, als er seinen Camper auf seiner Auffahrt in Devon lackierte. Er betrachtete es als eine gute Möglichkeit, den Bulli aufzupolieren und dabei all die alten Farbdosen in seiner Garage aufzubrauchen, und er fand nichts Seltsames daran, dass eine Familie in den Ferien über seinen VW-Bus plauderte und ihn fotografierte.

Galerie

Für die Besitzer von VW-Campern ist die persönliche Gestaltung ihres Fahrzeugs ein wichtiges Ritual, und die Art, wie man seinen Bus lackiert, ist der Schlüssel dazu. Während einige auf absoluter Originaltreue bestehen und die Originalfarben aus der jeweiligen Zeit benutzen, verwenden andere leuchtende moderne Farben ebenso wie Metallic-Lacke. Umgekehrt gibt es Besitzer, die den Trend zum glänzend lackierten Camper ablehnen und sich stattdessen für den »Ratten-Look« (siehe Seite 17) aussprechen, bei dem Rost, Grundierung und ausgeblichene Farben vorherrschen. Die Wahl der Farben und die Entscheidung über ihren Einsatz können sich manchmal über Monate hinziehen. Es gibt Leute, die in ein Farbengeschäft gehen und sagen: »Können Sie die Farbe dieses Badetuchs/Kuscheltiers/Kleids mischen?« Es existiert sogar eine Website, auf der man mit den verschiedenen Farbkombinationen spielen kann.

Vielleicht ist es teilweise das Erbe des bunt lackierten Zigeunerwagens, das im Bewusstsein derer lebt, die ihr ganzes Leben mit einem VW-Camper zubringen – schließlich waren es die Devon-Camper, die in den 1960er-Jahren mit der Aussage beworben wurden: »Sei frei wie ein Zigeuner in einem Devon Caravette.«

Die Camper, die hier gezeigt werden, stellen nur eine kleine Auswahl aus den unzähligen, vielfältigen Möglichkeiten dar, seinen Volkswagen zu lackieren.

vanpire

AIR-COOLED
EAT

THE MYSTERY MACHINE

8 Innenausstattung

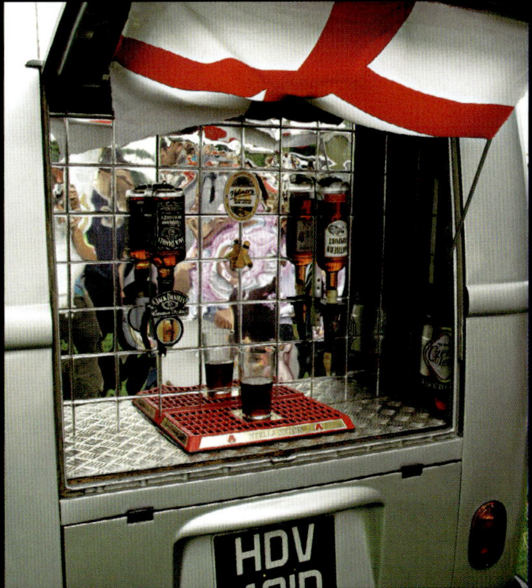
HDV

Die Entscheidung, in welcher Farbe ein Camper lackiert wird, ist nichts gegen die, welche Innenausstattung er bekommen soll! Das Innere eines Campers ist Wohnzimmer, Lounge, Esszimmer, Küche, Schlafzimmer und sogar Spielzimmer für die Kinder. Er muss ein Ort der Entspannung, zugleich aber funktional sein. Außerdem muss er manchmal eine Mehrfachfunktion als Beförderungsmittel, Minischulbus oder Transporter erfüllen. Die Vielseitigkeit eines Campers bedeutet, dass er für jeden Zweck eingesetzt werden kann, als mobiles Heim ebenso wie zur Beförderung von Müll zur Deponie oder für den Brennholztransport im Winter.

Die verschiedenen professionellen Camping-Ausstattungen decken jede denkbare Anordnung und jedes Design ab, um auf kleinstem Raum zu kochen, zu waschen, zu essen, zu sitzen und zu schlafen. Abgesehen von der traditionellen Essnische findet man L-förmige Sitzgelegenheiten, Sitze, die nach vorne oder hinten gerichtet sind, an die Tür montierte einklappbare Kocher, Küchen, die hinten oder auf einer Seite eingebaut sind – die Vielfalt der Möglichkeiten scheint unbegrenzt zu sein.

Dennoch wollen einige Besitzer den Innenraum ihres Campers noch individueller gestalten, indem sie starke Soundsysteme, DVD-Player und sogar Cocktailbars einbauen. Und wie in jedem Haus gibt es neben Möbeln auch persönlich ausgesuchte Vorhänge, Textilien und Bodenbeläge – die Innenausstattung ist eine ernste Angelegenheit. Man kann auch bei den Campern, die in diesem Kapitel abgebildet sind, deutlich sehen, dass Camping sowohl mit Stil und Geschmack als auch mit Funktionalität zu tun hat.

Dem äußeren Erscheinungsbild entsprechend gibt es verschiedene Ansätze – Original, Spezialanfertigung, Designmodell –, doch auch für raubeinige Gesellen, die mit Schlafsäcken und Bierkästen reisen, findet sich immer noch etwas Passendes. Während die meisten Wohnmobile inzwischen über Duschen, Mikrowellengeräte und einen Grad an Luxus verfügen, den die meisten Menschen zu Hause nicht haben, mangelt es ihnen oft an Flair. Ein klassischer VW-Camper hat jedoch seinen Charme und seine Individualität. Für den Besitzer ist er sein Heim, und er richtet ihn auch so ein. Jeder Camper ist anders. Die Besitzer bringen etwas von sich selbst in den Wagen ein. Ob in den Möbeln, den Accessoires, den vorgenommenen Veränderungen oder der Farbgebung, der Camper ist Ausdruck ihrer Persönlichkeit, ihrer Werte, ihrer Kreativität, ihrer Lebensweise.

Vorhergehende Seite von links nach rechts:

Traditionelle Dormobile-Sitze, neu bezogen und dem Seiten-Interieur angepasst.

Ein kleiner runder Tisch schafft mehr Platz.

Original-Westfalia-Einbauten von 1963.

Eine Bierzapfanlage und Gläser: Dieser Besitzer hat seinen Pub immer dabei!

Geschwungene Kurven und ein hell gemasertes Holz schaffen einen luftigen, modernen Look.

Meditationszimmer (rechts).

Neue Polster und Vorhänge können ein abgenutztes Interieur neu beleben (gegenüber).

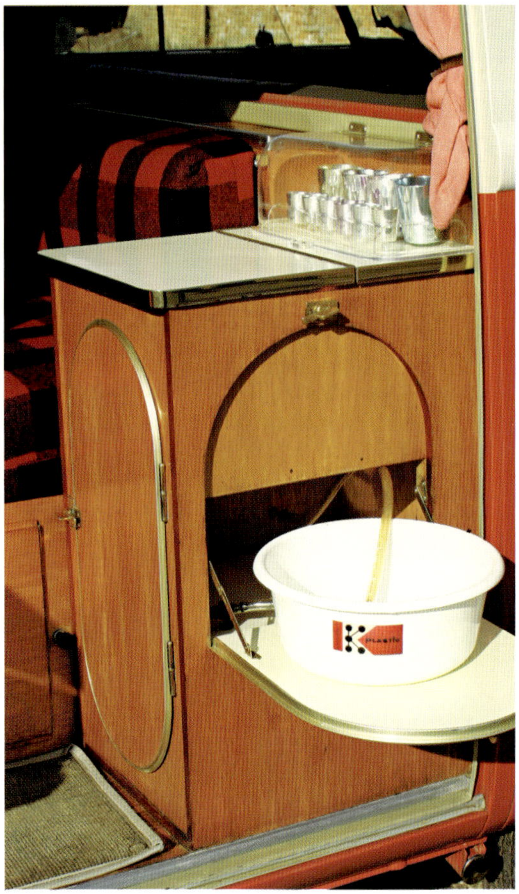

Pleasure
CHEST

Original-Innen-ausstattungen

Für einige Besitzer ist die Original-Innenausstattung ohne jede Abstriche (oder eine detailgetreue Kopie) der einzig gangbare Weg. Sie betrachten die Camper als lebendige Historie, zählen sie zu den schönen Dingen, die für die Nachwelt bewahrt und von den kommenden Generationen bewundert werden müssen. Obwohl es immer noch kaum gefahrene Bullis im Originalzustand gibt, muss man gewöhnlich monatelang im Internet oder auf Treffen nach Teilen, die fehlen, suchen und ihnen nachjagen, um den Wagen wieder in den Zustand zu versetzen, in dem er ursprünglich ausgeliefert wurde. Zwar will nicht jeder ein Stück lebendiger Historie besitzen (oder die Verantwortung dafür übernehmen, es auch für die Zukunft in diesem Status zu bewahren), doch jeder mag und bevorzugt eine Innenausstattung aus der Zeit.

Für die zum harten Kern gehörenden Camper-Enthusiasten ist die 1959er-Westfalia-Ausstattung SO 23 der heilige Gral des Campers. Sie weist viele schöne, charakteristische Details auf, die Maßstäbe für die Zukunft setzten. Diese wertvolle Ausstattung schließt eine komplette Holzvertäfelung ein, rotschwarz karierte Textilien, Schränke aus Birkenholz, halbschalenförmige Leuchten sowie die erste Cocktailbar überhaupt, die in einen Camper eingebaut wurde, einschließlich Aluminiumbechern. Es gibt sogar im hinteren Wagenteil ein Gepäcknetz für Schuhe und Ähnliches. Bei dem Camper, der hier abgebildet ist, sind alle diese zeitgenössischen Details noch gebrauchsfähig, das ganze Vordach und die Befestigungen sind noch vollständig, und sogar die Kübeltoilette ist noch im Original vorhanden.

Der Camper war 1960 von zwei Schwestern aus den USA als Neufahrzeug gekauft worden, die ihn direkt ab Werk bestellt hatten und in Deutschland übernahmen. Weil sie gerade in Rente gegangen waren, fuhren sie damit sechs Monate lang als Touristen durch Europa, verschifften den Wagen anschließend nach New York, bevor sie dann damit quer durch die USA nach Hause nach Kalifornien fuhren. Erstaunlicherweise wiederholten sie die ganze Tour 1964, vier Jahre später, noch einmal. Sie fuhren den Wagen bis zum Tod der einen Schwester 1977. Danach wurde der Camper in einem großen Lagerhaus abgestellt. Dort blieb er 20 Jahre unbeachtet, bis er schließlich von einem Neffen 1997 entdeckt wurde.

Als der Camper, nachdem er »gerettet«, gereinigt und poliert worden war, 1997 erstmals auf einem Treffen erschien, rief er einen Sturm der Begeisterung hervor. Er ging dann durch die Hände von zwei eingefleischten Sammlern, bevor er bei einer Internet-Auktion vom Engländer Tony Best ersteigert wurde. Der Bus ist wahrscheinlich eines der schönsten unrestaurierten, im Originalzustand erhaltenen Exemplare eines frühen Campers, die immer noch auf der Straße unterwegs sind, statt im Museum zu stehen. Obwohl der Camper jetzt Preise gewinnt und überall dort, wo er auftaucht, im Mittelpunkt steht, genießen es Tony und seine Familie, ihn genau dafür zu nutzen, wofür er ursprünglich gebaut wurde – für Familienurlaub und Camping.

Persönliches Design

Andere Leute betrachten die Innenausstattung ihres Campers unter dem Blickwinkel, wie sie verbessert und ihren eigenen Bedürfnissen angepasst werden kann. Oft reißen sie alle Einbauten heraus (besonders dann, wenn sie nicht komplett oder zusammengemixt sind) und fangen bei Entwurf und Bau der Innenausstattung bei null an, wobei sie sich von Gestaltungsideen inspirieren lassen, die sie auf Veranstaltungen gesehen haben. Innenausstattungen sind eine beständige Quelle der Faszination, und die Leute fahren auf die Veranstaltungen, um Anregungen zu erhalten – und nicht nur, um sich dort sehen und bewundern zu lassen. Bitte einen Busbesitzer, dir den Innenraum seines Fahrzeugs zu zeigen, und du hast einen Freund fürs Leben gewonnen.

Als Mike Howles seinen Devon-Camper Baujahr 1972 kaufte, waren die Original-Innenausstattung und die Möbel so verwohnt, dass sich eine Restaurierung nicht lohnte. Mike und seine Frau Diane lieben Wanderungen und nutzen den Camper, um aufs Land zu kommen. Sie mögen das ursprünglich handgefertigte hölzerne Innendesign des Devon sehr, das jedoch durch Laminat und Melamin ersetzt worden war. Weil er gern mit Holz arbeitete, war Mike der Meinung, dass er eine Innenausstattung bauen könnte, die ihren Ansprüchen besser gerecht würde. Das bedeutete, dass diese Ausstattung aus Holz angefertigt werden musste und dem klassischen frühen Devon-Interieur zu entsprechen hatte. Zusätzlich musste es zu ihrem lockeren Lebensstil passen und gleichzeitig praktisch und leicht zu handhaben sein.

Der Platz für das Bett musste Abstellraum für Stiefel bieten und so geräumig sein, dass man die Stiefel anziehen konnte, ohne das Bett zusammenklappen zu müssen. Die Innenausstattung musste ohne großen Aufwand von Tag- auf Nachtnutzung umzubauen sein, und es mussten notfalls vier Personen an einem Tisch sitzen können. Außerdem sollten der Kocher und die Spüle vom Bett aus leicht erreichbar sein, um die Morgentasse Tee kochen zu können, ohne vorher aufstehen zu müssen. Ein Kühlschrank war ein wichtiges Ausstattungsdetail (warmer Wein schmeckt einfach nicht) – und der Durchgang zum Fahrerraum musste erhalten bleiben.

Dank genialer, akribischer Planung erfüllt Mikes Werk all diese Voraussetzungen: Es gibt zwei oder vier Sitzplätze, viel Grundfläche und ausreichend Stauraum. Das Endergebnis war ein sehr individuelles Interieur mit leichten Unterschieden zur Innenausstattung ab Werk. Um das Fahrerhaus passend zu gestalten, baute Mike auch hier Holzaccessoires in Form einer separaten Ablage unter der Armaturentafel, eines Griffs für den Handbremshebel, eines Schalthebelknaufs und eines Regals für den CD-Player ein. Basierend auf dem klassischen Design mit raffinierten Abänderungen, die ihrem persönlichen Lebensstil entsprachen, entsteht der Gesamteindruck eines Interieurs der 1960er-Jahre, der durch die Verwendung von Holz noch unterstrichen wird.

Ein moderner Klassiker

Der hier abgebildete Camper Baujahr 1964 wurde von Justin Coyne über das Internet gekauft, und weil er ein schäbiges Camping-Interieur besaß, beschloss der neue Besitzer, es zu erneuern. Er ließ sich von frühen Westfalia-Modellen inspirieren, besonders von den Birkenpaneelen rundum und von Innenausstattungen, die er bei Treffen gesehen hatte. So begann er die Planungen am Laptop. Er wollte das 64er-Flair des Fahrzeugs erhalten und gleichzeitig einen schicken Designer-Look schaffen, der sowohl praktisch als auch modern war.

Nachdem er den Bulli in den Originalfarben von 1964, Türkisgrün und Weißblau, neu lackiert hatte, ging er bei den Planungen für den Innenraum davon aus, dass vier Personen hinten an einem Tisch Platz finden sollten. Um den Bus für den Campingeinsatz zu nutzen, musste ausreichend Stauraum zur Verfügung stehen sowie eine leicht aufzubauende, ausziehbare Schlafgelegenheit. Er bevorzugte eine Ausstattung aus hellem Eichensperrholz und fertigte neue Tür- und Seitenverkleidungen an sowie eine Dachverkleidung, die der der Westfalia-Camper entspricht. Auch die Möbel sind in hellem Eichenton gehalten, die Polsterung in cremefarbenem Kunstleder mit Abnähern, die der grünen Farbe der Außenlackierung entsprechen. Textilvorhänge und Bodenbeläge aus Wolle runden das Ganze ab. Die Liebe zum Detail ist ein Kennzeichen dieses Campers und fällt besonders bei der Eckgestaltung ins Auge.

Ein farblich abgestimmter Holztisch ist an der Seitenwand so aufgehängt, dass er eingeklappt werden kann. Auch das entspricht wieder dem frühen Design von Westfalia. Um die Kabine von dem hinteren Teil zu trennen und das etwas chaotische Ende vom Vorderwagen zu separieren, wurde ein weiteres Teil in heller Eiche eingepasst, das die gleiche Form hat wie die obere Schranktür im hinteren Teil des Busses. Das modern aussehende Waschbecken ist eigentlich ein Hundenapf aus rostfreiem Edelstahl, würde aber selbst in jedem Badezimmer nobel aussehen, und ein cooler, minimalistischer Einflammengaskocher dient als Kochgelegenheit. Eine CD-Stereoanlage ist unauffällig hinter dem Fahrersitz eingebaut; ein Paar Lautsprecher ist mit handgefertigten Gittern in der Kabine untergebracht, ein zweites Paar in den hinteren Geschirrschränken. Es gibt auch ein Trennsystem für die Batterien, um die Anlage im Stand mit ausreichend Energie zu versorgen.

Der Gesamteindruck ist der eines klassischen Campers mit einer sehr modernen Anmutung. Das geräumige, luftige, helle Interieur enthält klassische Design-Elemente, die den Bedürfnissen und dem Geschmack einer neuen Generation angepasst sind.

76

Danger
Overhead
live wires

Maßgeschneiderte Interieure

Schließlich gibt es diejenigen, die die gängigen Vorstellungen davon, wie ein Camper auszusehen hat, auf den Kopf stellen wollen. Diese Leute entwerfen etwas, was sich von der Norm abhebt, und die Innenausstattung ist ein Teil des Looks, den sie schaffen wollen. Sie sind innovativ und setzen neue Maßstäbe im Bereich dessen, was mit einem VW-Bus und seinem Interieur alles möglich ist.

Simon Kerrs Wagen zeigt das perfekt. Er hat seinen abgewirtschafteten, lahmen Camper in etwas absolut Einzigartiges verwandelt. Sein Ausgangspunkt war, etwas zu schaffen, was seinen Lebensstil widerspiegelt, und nachdem er die verschiedensten Möglichkeiten zur Anordnung von Waschbecken, Kocher und Bett durchgespielt hatte, wurde ihm klar, dass alles, was er wollte, ein Ort war, an dem er einfach mit seinen Freunden in Ruhe ausspannen konnte. Dazu war Raum wichtig, und die einzige Camping-Requisite war ein Bett, weil man Kochen und Waschen leicht außerhalb des Campers erledigen konnte. So entschied er, dass sich seine Vorstellungen am besten mit einer L-förmigen Sitzgelegenheit ohne jegliche Unterbrechungen oder einen Tisch in der Mitte umsetzen ließen. Die seitlichen Bänke wurden so konstruiert, dass sie schnell und leicht in ein geräumiges, komfortables Bett verwandelt werden konnten, das aber immer noch an der Tür Platz zum Stehen ließ.

Nachdem er sich bereits für die braune und cremefarbene Außenlackierung entschieden hatte (Simon war in seiner Entscheidung dadurch beeinflusst worden, dass er den Camper unter einer orangefarbenen Straßenbeleuchtung gesehen hatte), schien es ihm logisch, diese Farbgebung auch bei der Innenausstattung fortzusetzen. Die Hibiskusblüten, die als Airbrush auf das Dach aufgebracht sind, waren ein Anklang an das Surfen und an die Hawaii-Hemden, und das sollte auch auf die Innenausstattung übertragen werden, um so ein harmonisches Ganzes zu schaffen, das die Innen- mit der Außengestaltung verband. Simon wollte die Farbgebung auf braune, beige- und cremefarbene Töne begrenzen, und die gesamte Innenausstattung wie die Seitenverkleidungen, die Teppiche, die Innenfarbe und die Polsterung ist darauf abgestimmt. Die cremefarbenen Details an den Polstern und die Sisalteppichböden perfektionieren den harmonischen Gesamteindruck. Der Kabinenbereich ist in den gleichen Farbtönen gehalten, und die drehbaren Vordersitze sorgen dafür, dass sich alle gemeinsam entspannen können.

Das neue Sonnendach lässt nicht nur viel natürliches Licht und Wärme im Sommer herein, sondern bedeutet für Simon und seine Freunde auch, dass sie unter dem Sternenhimmel sitzen können, während sie über Gott und die Welt diskutieren. (Simon erzählt jedoch, dass das Schneiden eines über zwei Meter langen Lochs in das Fahrzeugdach ihm ziemlich furchterregend vorkam.) Eine gedämpfte Innenbeleuchtung wird durch den Einbau von Deckenlampen unter dem Sonnendach und durch Fußraumleuchten erreicht. Eine Kühl/Warmhalteeinheit, deren Tür in den Farben des Interieurs lackiert ist, kann nach Ansicht von Simon einerseits seine Pastete und Pommes warm halten, ihn anderseits unbeschränkt mit kaltem Bier versorgen. Hinten im Fahrzeug befindet sich ein Stauraum, dessen Glasabdeckung als Abstellfläche für Gläser und Flaschen genutzt werden kann.

Kein Heim ist ohne ein Sound-System komplett, und wieder einmal bewies Simon Fantasie. Die Lautsprecher wurden in die schwenkbaren Lampen hinten integriert, sodass die Musik entweder aus verschiedenen Richtungen kommt oder durch die geöffneten Türen nach draußen gerichtet werden kann. Unter der Rückbank befindet sich ein Subwoofer mit 12 Zoll Durchmesser, und Lautsprecher von 3,5 Zoll sind in der Kabine angebracht. Simon beschreibt das Hörerlebnis als »ohrenbetäubend«.

Red Stripe

Der Red-Stripe-Bulli ist ein weiteres Beispiel für die Harmonie zwischen Außen- und Innendesign. Mit den Farben und Logos dieses bekannten jamaikanischen Bieres greift die Außenlackierung das Rot und Weiß der Biermarke auf. Chrom setzt innen wie außen silbrige Akzente. Während das Äußere dezent gehalten ist, gibt sich das Interieur radikal. Das rot-weiße Thema setzt sich einerseits in den rot-weiß gestreiften Seitenteilen, andererseits in den roten Polstern mit weißen vorderen Abschlüssen fort. Das markanteste, am meisten kommentierte Detail ist jedoch das zum zentralen Tisch umfunktionierte Surfbrett, das ebenfalls mit rot-weißen Streifen und dem Logo lackiert ist.

Dieser Bus war bereits Inspirationsquelle für andere, und Interieure wie dieses zeigen, was mit ein wenig Fantasie möglich ist.

Galerie

Eine neue Polsterung, neuer Bodenbelag und Vorhänge aus modernen und bunten Textilien können einen abgenutzten, schäbigen Innenraum schnell aufpeppen und modernisieren. Die allgegenwärtigen orangefarbenen, braunen und beigen Stoffe in ihren wilden Farben und Mustern sollten wahrscheinlich besser den 1970er-Jahren vorbehalten bleiben, denn dort gehören sie hin. Die Innenausstattungen in dieser Bildergalerie zeigen nur einige der schier zahllosen Möglichkeiten, wie Camper-Innenräume gestaltet werden können, um dem Geschmack und dem Lebensstil ihrer Besitzer zu entsprechen. Ob alte Jeans oder moderner Burberry, es ist alles eine Frage des Stils.

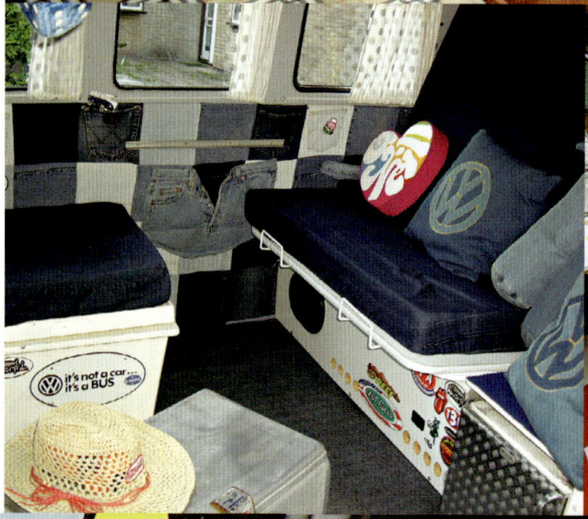

9 Abenteuer Down Under

Den Reiz der Sonne, des Surfens und einer entspannten Lebensweise, dazu die Möglichkeit, mit einem Aussi-Camper durch eine abgelegene, herrliche und unberührte Wildnis zu fahren, haben junge, abenteuerlustige Europäer schon längst für sich entdeckt. Alte Kombis können Down Under immer noch relativ billig gekauft werden. Das Abenteuer und der Reiz entstehen dadurch, dass man sich eher gegen die Natur als gegen Menschen behaupten muss, und mit der Erkundung des Outbacks kann man die eingefahrenen Gleise verlassen, ohne Gefahr zu laufen, in politische Unruhen zu geraten.

Vorhergehende Seiten von links nach rechts:

Wildes Campen am Strand der Grove-Halbinsel in Nordaustralien.

Cactus Beach liegt über 300 Kilometer von der nächsten Stadt entfernt.

Camping im Outback mit einem Wüsten-Splitty.

Der Wüsten-Splitty kämpft sich durch raues Gelände in Airhelmland, Northern Territory.

Eine Gruppe von Aussie-Bus-Freaks in der Simpson-Wüste in Südwest-Queensland, einem der größten Sandwüstengebiete der Erde (linke Seite und rechts).

Die Camper-Szene in Australien unterscheidet sich von der in anderen Teilen der Welt. Zunächst einmal werden alle Busse bei den Aussies als Kombis bezeichnet, unabhängig vom Modell und der Innenausstattung. Der Kombi hat den Ruf, ein preiswertes, praktisches Fahrzeug zu sein und nicht etwas, für das man Tausende hinlegen muss, um es dann auf einer Showbühne auszustellen! Dazu kommt natürlich der Umstand, dass – anders als in Mitteleuropa –, wo die Busse rosten und ständig gegen den Rost angekämpft werden muss – die Fahrzeuge im australischen Klima vor allem eines tun: fahren, fahren, fahren. Heute ist Australien das Land, wo man die meisten rostfreien Busse bekommen kann, und die Importe insbesondere nach Großbritannien wachsen dramatisch an, um der scheinbar unersättlichen Nachfrage nach preiswerten, soliden Bussen zu begegnen, die zudem noch rechtsgesteuert sind, anders als die Importe aus den USA und aus Kontinentaleuropa. VW Australasia baute diese Fahrzeuge im eigenen Werk, indem man CKD-Bausätze (Completely Knocked Down) mit im eigenen Werk gepressten Karosserieteilen kombinierte, und es gibt ein paar interessante Unterschiede, die die Aussie-Kombis ein wenig skurril aussehen lassen. Während Bus-Clubs in Down Under noch in den Kinderschuhen stecken, ist die Bus-Szene selbst sehr stark, und der Kombi ist für seine Ausdauer und Vielseitigkeit in den wilden Outback-Regionen bekannt.

Ian und Kaye Nankervis sind ein typisches Beispiel für Aussie-Camper-Besitzer, die ihren Kombi eher für Abenteuer als für die Showszene benutzen. Sie sind unverbesserliche VW-Fanatiker, die in den letzten 40 Jahren mehr als 250 verschiedene Volkswagen besessen haben! Gegenwärtig haben sie 58 VWs auf ihrem 89 Hektar großen Gelände stehen, aber ihr T1-Camper ist ihr größter Stolz. Ursprünglich 1967 als Leichenwagen importiert (und in Schwarz lackiert), war er ein heruntergekommenes Wrack, bevor Ian 2001 auf ihn stieß und ihn vor dem Schrottplatz rettete. Er brauchte zwölf Wochen, um den Wagen zu restaurieren, einschließlich Getriebewechsel und Austausch der Bremsen gegen die eines späteren Baujahrs. Außerdem bekam der Wagen ein Doppelbett über die gesamte Wagenbreite und eine herausschiebbare Küche. Der Camper wird heute liebevoll Desert Splitty genannt und macht seinem Namen alle Ehre. In den ersten 18 Monaten, in denen sie den Wagen besaßen, legten die Nankervis' damit über 14 000 Kilometer zurück, davon 4500 Kilometer von Zentral-Victoria durch die Große Sandwüste nach Westaustralien, wo sie neun Monate lebten, bevor sie weitere 2500 Kilometer bis zur Yirrkala Aboriginal Community auf der Grove-Halbinsel fuhren. Sie lieben es, in den Outbacks unterwegs zu sein, besonders in den Wüstenregionen, und in der Trockenzeit (Mai bis November) sind sie an jedem Wochenende mit ihrem Camper an einem verlassenen Strand, campen in einem trockenen Flussbett, überwinden Sanddünen und erfreuen sich schlicht daran, in der Wildnis zu sein. Ian sagt: »Ich mag einfach den Gesichtsausdruck von Leuten, die auf einen 40 Jahre alten Kombi treffen und feststellen, dass er dasselbe tut wie ihr teures Fahrzeug mit Allradantrieb!«

Fünf Kerle und ein Bus

Matt Keene reiste 1993 nach Australien, inspiriert von der Sonne, dem Surfen und den rostfreien Kombis. Drei Monate später hatte er einen Aussiespec-Doppelkabinen-Pritschenwagen gekauft, den Motor überholt und dabei den Hubraum auf 1600 ccm vergrößert (Matt hat etwas gegen langsame Motoren). Der Bus besaß ein typisches australisches Zubehör – einen sehr starken vorderen Rammschutz, um die Front vor frei herum laufenden Kängurus zu schützen. Der Doppelkabinen-Pritschenwagen mit Plane war zwar für die geschäftliche Nutzung gedacht, stellte aber den perfekten Campingwagen dar, weil sperrige Dinge hinten untergebracht werden und dank der zusätzlichen Sitze fünf Personen bequem mitfahren konnten. Obwohl ursprünglich nicht als Camper-Van gedacht, konnte man leicht einen daraus machen, und es sollen einige Besitzer sogar auf der Ladefläche geschlafen haben.

Die Staatsgrenze zwischen New South Wales und Victoria.

In den nächsten Monaten nutzte Matt das Fahrzeug als Alltagsauto und – zwischen seinen ausgedehnten Surffahrten rund um Sydney – für den Weg zur Arbeit. Während dieser Zeit freundete er sich mit einer Gruppe junger Leute an, die im gleichen Hostel wohnten und die alle surften. Sie kamen auf die Idee, dass es Spaß machen würde, von Sydney nach Perth quer durch Australien mit dem Auto zu fahren – über 7000 Kilometer Luftlinie. Das war die direkte Route. Die Jungs wollten jedoch lieber an der Küste entlangfahren – 16 000 Kilometer. Der Trip dauerte insgesamt zwei Monate, und sie hatten sich nichts weiter vorgenommen, als der Küste zu folgen und anzuhalten, wo und wann immer sie wollten, auszusteigen und zu surfen oder einfach die Gegend zu genießen.

Sie campten jeden Abend wild im Busch, bauten ihre Zelte auf und zündeten ein Lagerfeuer an. Sie hatten zusätzliche 60 Liter Treibstoff in drei Kanistern und ungefähr die gleiche Menge Wasser hinten auf der Ladefläche untergebracht, da man beides in einigen abgelegenen Regionen, die sie besuchten, nur schwer bekommen konnte. Glücklicherweise besaß der Wagen noch seine Originaldachstützen, die sich für den Transport der Surf- und Campingausrüstung als sehr nützlich erwiesen.

Da sie begeisterte Surfer waren, probierten sie alle berühmten Surfstrände auf der Route aus, zum Beispiel Bell's Beach, und zelteten sogar eine Woche am berüchtigten Cactus Beach bei Point Sinclair in Südaustralien. Das ist wahrscheinlich einer der abgelegensten Surfplätze auf der Erde – die nächste Stadt ist über 300 Kilometer entfernt. Weil dieser Platz außerdem die Heimat einer Kolonie von Haien ist, gehört er zu den gruseligsten überhaupt. Ein Highlight der Reise war die Fahrt entlang der Great Ocean Road und über die Nullarbor-Ebene. Obwohl die Höchsttemperaturen in der Nullarbor-Wüste fast 50 °C erreichten, hatte der VW damit keine Probleme. Matt wechselte während der 16 000 Kilometer langen Fahrt dreimal das Öl und nahm an dem Bus ebenso viele Wartungen vor, und sie hatten unterwegs keinerlei Ausfälle, bis am Ende der Reise in den Randbezirken von Perth der vierte Gang versagte. Der Doppelkabinen-Pritschenwagen hatte ihnen so zuverlässig gedient, dass Matt beschloss, ihn mit nach England zu nehmen, wo er ihn, nachdem er weitere Restaurierungsarbeiten vorgenommen hatte, nur ungern an jemand anderen abgab. Matt sagt: »Ich sehe den Bus hin und wieder, und es treibt mir jedes Mal eine Träne ins Auge … aber ich erinnere mich immer wieder gern an die glücklichen Tage, als Zeit keine Rolle spielte.«

Wüstenstraße in Südaustralien.

Camping im Busch nahe Bell's Beach, Victoria.

Auszeit in Cremorne Point, Sydney.

In der Nähe des Surfplatzes von Cactus Beach, Point Sinclair.

Das Concrete Crappa irgendwo in Südaustralien.

Der Beginn der Reise, Sydney.

733 CZQ

Next 92 km
733·CZQ

733·CZQ

Ein Kombi-Klischee

Für Ian und Amanda Lloyd hatte die Idee einer Reise in einem Kombi durch Australien etwas von einem Klischee. Abgesehen davon, dass sie nicht einem Klischee aufsitzen wollten, erschien ihnen die Vorstellung, mit einem luftgekühlten Wagen in dem heißen Klima zu fahren, abwegig. Ihnen schwebte ein Auto vor, das funktionierte, nicht die Welt kostete und sich am Ende der Reise leicht verkaufen ließ. Sie hatten zu viele Schauergeschichten von Leuten gehört, die am Ende ihrer Reise den Wagen nicht wieder verkaufen konnten und ihn schließlich weggaben, nur um noch rechtzeitig den Rückflug zu kriegen.

Als Ian und Amanda schließlich in Cairns hoch im Norden von Queensland ankamen, machten sie sich auf die Suche nach etwas Komfortablem, in dem sie ihre Rundreise unternehmen konnten. Nachdem sie mehrere charakterlose Mitsubishi L300 und Toyota Hiaces geprüft hatten, begannen sie langsam zu verzweifeln. Plötzlich sahen sie ein Angebot: »1975er Kombi, neue Innenausstattung erforderlich, guter Zustand, geschmackvolle Magnesium-Räder« – es schien, als könne man dem Klischee nicht entkommen. Der Bus hatte keine Innenausstattung, schien aber sonst solide zu sein. Der Lack sah noch gut aus, und auch der Motor klang gesund. Wichtiger noch war, dass er die richtigen »Schwingungen« erzeugte und ein gutes Gefühl verlieh, sodass sie sich am nächsten Tag von 850 Pfund trennten und nun bereit waren, ihre Reise zu starten. Innerhalb einer Woche statteten sie den Kombi mit einer Basisausrüstung und einem Bett aus und machten sich schließlich auf den Weg, Australien auf eigene Faust zu erobern. Ian sagt:

Ich liebte unseren kleinen Van trotz seiner Fehler. Die Ausstattung war bei Weitem nicht perfekt, wir hatten kein auseinanderklappbares, sondern ein festes Bett, und wenn einer von uns schlief (und mit einer von uns meine ich meine Partnerin Manda), hatte der andere daher nur einen kleinen Bereich zum Sitzen. Auch der Kühlschrank bot eine Sitzgelegenheit für den, der Flaschen mit kühlem VB trank, wenn seine bessere Hälfte nachts leicht schnarchte. Der Fahrer- und Beifahrersitz bildeten die Ablage für all das, was wir nachts nicht brauchten. Obwohl der Van nicht so gut durchorganisiert war wie die »echten« Camper-Umbauten, hatten wir es schon bald raus, wie wir uns am besten für die Nacht einrichteten und am nächsten Morgen alles wieder in Ordnung brachten. Wir behinderten uns nicht und verließen die Campingplätze nie so spät, dass wir Verspätungsgelder hätten zahlen müssen.

Von Cairns fuhren die Lloyds an der Ostküste von Australien entlang, dann über den Waterfall Circuit hoch in die Tablelands und hinüber nach Magic Island, durch Brisbane und weiter nach Sydney. Der Kombi war inzwischen »Ethel« getauft worden; er war eine alte Lady und musste auch so heißen wie eine alte Lady. Ian denkt gern an die Reise zurück:

Einige der magischsten Momente unserer Reise durch Australien stehen mit unserem Campervan in Verbindung. Als wir zum Beispiel zum Cradle Mountain in Tasmanien fuhren, begann es zu schneien, und aus dem Schneefall entwickelte sich rasch ein Blizzard. Als wir auf einem Campingplatz ankamen, waren unsere Zehen eiskalt, und wir konnten es kaum erwarten, wieder Strom zu haben, um unsere elektrische Ventilatorheizung in Betrieb zu nehmen. Trotzdem war das alles sehr spektakulär, und ich erinnere mich immer noch an das neugierige Padamelon (eine Art Wallaby), das seinen kleinen Kopf in den Van steckte und die Rosinen naschte, die wir ihm hingelegt hatten. Ich wage zu behaupten, dass wir mit einem neueren Wagen zwar weniger für Reparaturen hätten ausgeben müssen (elektrische Probleme bereiteten uns zu Beginn der Reise einiges Kopfzerbrechen), aber sicherlich nicht so viel Spaß gehabt hätten.

Ethel wurde auf dem Flughafenparkplatz in Sydney zurückgelassen, während Ian und Amanda durch Neuseeland (in einem schönen Motorhome, das voll ausgestattet war) reisten. Nach ihrer Rückkehr fuhren sie – wieder mit Ethel vereint – zunächst nach Canberra, Melbourne und Tasmanien, bevor sie Adelaide besuchten und dann zur Nullarbor-Ebene aufbrachen. Der Name dieses Gebiets ist eine Verballhornung des lateinischen »Nullus Arbor«, was so viel wie »keine Bäume« heißt. Es ist eine eintönige Ebene, die früher einmal von einem Meer bedeckt war. Hier gibt es auch die längste gerade Straße in ganz Australien – 145 Kilometer ohne eine Biegung. Unnötig zu sagen, dass Ethel auch dies großartig meisterte.

Nach acht Monaten Fahrt kreuz und quer durch Australien kam die Zeit, widerstrebend von Ethel Abschied zu nehmen und nach Hause zurückzukehren. Sie hatte die Lloyds sicher durch alle Widrigkeiten gebracht, durch Blizzards ebenso wie durch die sengende Hitze von fast 50 °C. Nachdem aber wenig Interesse an Ethel bestand, außer von jemandem, der sie nach England importieren wollte, beschlossen sie, sie zu behalten und nach England zu verschiffen, wo sie Ian und Amanda jetzt brav zu Volkswagen-Treffen und in die Ferien fährt. Weit davon entfernt, ein Klischee zu sein, hat ihr kleiner Campervan einen Platz in ihrem Herzen erobert, und er gehört für sie heute selbstverständlich zu ihrem Leben dazu.

Im Uhrzeigersinn von links oben:

Ein Padamelon besucht Ethel in Tasmanien.
Ethel vor der Hafenbrücke von Sydney.
Eingeschneit auf dem Campingplatz in Cosy Cabins, Tasmanien.
Ein Kookaburra leistet Ethel Gesellschaft auf einem Campingplatz in Sydney.
Die Pinnacles-Wüste, Westaustralien.
Ethel und Manda neben einem Straßenschild, das vor Tieren auf der Fahrbahn warnt.

10 Arbeit, Ruhe und Spiele

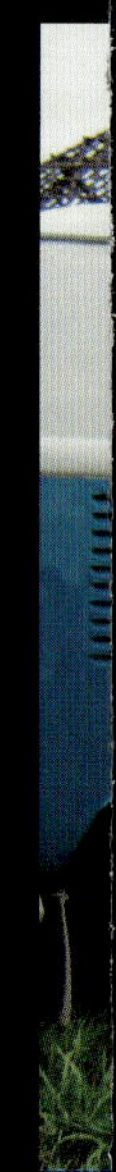

WYV 825H

Martin Clunes

Es war Michael Parkinson, der in einer seiner abendlichen Talkshows Martin Clunes' geheime Passion für den VW-Camper aufdeckte. Obwohl als Schauspieler so etwas wie eine prominente Persönlichkeit, ist Martin an sich ein ganz normaler Mensch, der viele Jahre in einem VW-Bus (aber nicht in der VW-Bus-Szene) gelebt hat und so leidenschaftlich an seinen VW-Bussen hängt wie an seiner Arbeit für Film und Fernsehen.

Clunes' erster VW-Bus war ein ziemlich abgewirtschafteter orangefarbener Camper, mit dem er 1992/93 herumfuhr. Er nutzte ihn nicht so viel, wie er es eigentlich wollte, und als er gefragt wurde, ob er ihn für eine Musik-TV-Serie gegen eine kostenlose Überholung zur Verfügung stellen wolle, schlug er ein. Als er den Wagen mit einer neuen, glänzenden Lackierung zurückerhielt, entschloss sich Martin, den Bus, der jetzt präsentabel aussah und wirklich etwas wert war, für eine Wohltätigkeitsauktion zugunsten der Born Free Foundation zu stiften.

1998 kaufte er einen hellblau-weißen Bulli Baujahr 1977. Eine eingehende Inspektion förderte zutage, dass der Bus ursprünglich ein zweitüriger Kastenwagen gewesen war, in den man Seitenfenster eingebaut hatte. Dieser Wagen füllte die Lücke, die sein Vorgänger hinterlassen hatte, und Martin gefielen die Schiebetüren auf beiden Seiten und die mittlere Sitzbank mit ihren umklappbaren Lehnen. Man hatte den Bus anscheinend benutzt, um Kinder damit zu fahren. Darauf deuteten die Bugs-Bunny-Sticker hin, die die kleinen Passagiere darauf hinwiesen, dass sie den Wagen nur auf der linken Seite verlassen sollten. Nach der Begegnung mit einigen weißen Hirschen, die wild entschlossen waren, den entgegenkommenden Kasten auf Rädern aus dem Weg zu räumen, meinte Martin, es sei nun an der Zeit, das Fahrzeug in einen ansehnlichen Zustand zu versetzen.

Der Bulli wurde den Restauratoren vor Ort übergeben, die den Rost entfernten, den Wildschaden beseitigten und den Wagen neu lackierten. Martin wollte den Bus in einem dunklen Marineblau und oben im Cremeweiß der Jaguar-Farbskala lackieren lassen. Doch dann stellte er fest, dass die Fenster, die in die Türen des Kastenwagens eingebaut worden waren, nicht passten. Es gab nur eine Lösung – die richtigen Bulli-Seitentüren mussten aus Australien oder Brasilien beschafft und eingebaut werden. Um gegen den immer wieder auftretenden Rost anzukämpfen, hat Martin in seiner Garage einen Lufttrockner einbauen lassen, der, so hofft er, den Rost fernhalten wird.

Martins zweite Passion ist die Holzbearbeitung, und in den letzten Jahren hat er eine Camping-Ausstattung für den Bus entworfen und ausgearbeitet. Schließlich wurde ein Ausziehbett eingebaut, und er plant den Einbau einer Sitzgruppe über drei Viertel der Breite der Trennwand und eine Innenverkleidung aus Kirschbaum. Ein Bus reicht Martin nicht, und sein ganzer Stolz und seine Freude gelten einem anderen einzigartigen Objekt: einem Deluxe-Microbus Baujahr 1969 im Originalzustand, mit zwei seitlichen Schiebetüren und rund 6500 Kilometern auf dem Tacho. Ein Freund schickte Martin und seiner Frau Philippa den Katalog von der bevorstehenden Auktion einer privaten Sammlung in Beaulieu. Darin waren ein Bild und Informationen über den Deluxe-Microbus mit einer Reihe von Sonderausstattungen, die das Herz eines jeden Busliebhabers höher schlagen lassen. Der Preis war – augenscheinlich nicht von einem VW-Experten – zwischen 3000 und 5000 Pfund Sterling angesetzt. Die Clunes' beschlossen, ihr Glück zu versuchen, und die gesamte Familie fuhr zu der Auktion; auch der Hund war dabei. Trotz großer Konkurrenz anderer ernsthafter Bieter fiel der Hammer bei 10 500 Pfund, und der Bus gehörte ihnen. Martin fand die Auktion sehr aufregend, und obwohl er sich hatte hinreißen lassen, war er auf dem Boden geblieben – denn selbst zu diesem Preis war es das Schnäppchen des Jahrhunderts.

Der Wagen gehörte ursprünglich zur Sammlung von Edwin C. Jameson jr., einem amerikanischen Classic-Car-Enthusiasten. Im August 1969 hatte Jameson mit einem Londoner Volkswagen-Händler Kontakt aufgenommen, um den neuen VW-T2-Bus für seine Sammlung zu bestellen. Er musste den amerikanischen Bestimmungen entsprechen, und der Händler schlug außerdem einige Extras vor. Zunächst benachrichtigte Volkswagen Jameson, dass die gewünschte Lackierung in der nicht standardmäßigen Farbe Schwarz nicht möglich sei, doch nach einigen Überredungsversuchen entsprach man seinen Wünschen.

Der Bus wurde im Oktober 1969 mit einem Spezialpaket für die USA ausgeliefert, das einen Meilentacho, eine Windschutzscheibe aus Verbundglas, eine gepolsterte Armaturentafel, Sealed-Beam-Scheinwerfer, rote Rücklichter, Rückfahrscheinwerfer und einen blendfreien Rückspiegel einschloss. Außerdem hatte er zwei Schiebetüren und einen einfahrbaren Seitentritt. Es war ein Siebensitzer mit einem Durchgang zwischen Fahrer- und Beifahrersitz, und er besaß eine Eberspächer Benzin-Zusatzheizung, einen elektrischen Ventilator, eine heizbare Heckscheibe, Weißwandreifen und Hochleistungsstoßdämpfer. Wenn man all das zu einem vom Werk eingebauten Metallschiebedach, einem Deluxe-Chrom-Trimm, einer entsprechenden Polsterung und der umwerfenden schwarzen Lackierung dazudenkt, begreift man allmählich, dass dieser Bus wirklich einzigartig ist. Nicht nur, dass er lediglich 3843 Meilen auf dem Tachometer hatte, auch die Original-Volkswagen-Garantieaufkleber auf den Scheiben, der Sticker für die Bedienung der Schiebetüren und sogar die Aufkleber im Motorraum waren erhalten.

Was mit dem Wagen im Laufe der Jahre geschehen war, weiß man nicht genau, wahrscheinlich war er jedoch anstelle von Edwin Jamesons Bentley in einem unterirdischen Parkhaus abgestellt. Das würde den ausgezeichneten Zustand des Gummis und der Dichtungen erklären. Allerdings hatten die Weißwandreifen unter dem langen Stehen gelitten, sodass Martin sie ersetzen musste. Er entschloss sich jedoch, nicht wieder Weißwandreifen aufziehen zu lassen, weil er meinte, dass sie einen zu auffälligen Kontrast zum schwarzen Lack bildeten.

Martin mag kein Bus-Fanatiker sein, aber er wusste instinktiv, dass dieser Bus etwas Besonderes war. Er musste ihn einfach haben. Alles befand sich in einem ausgezeichneten Zustand, einschließlich der Polster, die noch in die Plastikschonbezüge vom Werk gehüllt waren. Einzelne Details wie zum Beispiel die gebogenen seitlichen Fensterstreben (nur auf einer Seite wegen des Reserverads ersetzt), die tief montierten seitlichen Blinkleuchten, der mit einer Chromleiste versehene Heizungslufteinlass und die Ersatzradabdeckung aus Plastik gehören zu den Besonderheiten. Der Wagen trägt die Bezeichnung »Deluxe« zu Recht. Ihn zu fahren, ist ein ganz

Im Uhrzeigersinn:
Martin besitzt zwei außergewöhnliche Busse, beide mit zwei Seitentüren.
Martins erster Camper war in wilden Farben lackiert.
Seite an Seite in Thomas Hardy Country.
Dieser einmalige Bulli wurde 40 Jahre in einem Lager abgestellt und hat nur 4000 Meilen auf dem Tachometer.
Ein Dorf-Pub ist der ideale Haltepunkt.

eigenes Erlebnis, man kommt sich vor wie in eine andere Zeit zurückversetzt, in der man einen nagelneuen Bus direkt aus dem Ausstellungsraum fährt. Die Lenkung ist leichtgängig und ohne Spiel, der Gangwechsel funktioniert einwandfrei, das Fahrverhalten ist superb, und die Bremswirkung ist so exzellent, dass man nicht vorausschauend auf die Bremse treten muss, um den Wagen irgendwann zum Stehen zu bringen! Ich durfte viele ungewöhnliche Busse fahren, von einem Barndoor-Microbus von 1951 bis zu Feuerwehrfahrzeugen, aber dieser war der aufregendste. Und derjenige, um den ich wirklich Angst hatte, besonders beim Fahren auf einspurigen Straßen mit drei Meter hohen seitlichen Heckenbegrenzungen. Martin hielt sich mit Kommentaren über meine Fahrweise taktvoll zurück, während er ruhig Heckenreste aus dem Lufteinlass entfernte. Mittlerweile genießt er es, mit dem Bus zu fahren, ebenso wie seine Tochter Emily, die gern vorn aufrecht (im Kindersitz) sitzt, wenn sie gemeinsam ihr Lieblingsspiel spielen: »Welche Farbe hat der nächste Kombi, den wir sehen?«

Jamie Oliver

Während Martin Clunes' Camper sich eines ruhigen Lebens erfreuen, da sie nur in Dorset fahren, ist Jamie Olivers Samba heute fast genauso berühmt wie sein Besitzer. Der im Jahre 1959 gebaute Samba hat eine bewegte Geschichte. Er wurde 1991, als er auf einem Schrottplatz vor sich hinrostete, von dem Enthusiasten Matt Keene entdeckt, der ihn anschließend vier Jahre lang restaurierte. Das schloss das Sandstrahlen der gesamten Karosserie und des Fahrgestells auf einem Rollwagen ebenso ein, wie den Austausch aller angerosteten Blechteile. Da einige Reparaturbleche damals nicht zu kaufen waren, musste Matt sie nach Zeichnungen selbst anfertigen. Ein hässliches hölzernes Aufstelldach wurde abgenommen, aber glücklicherweise musste der Mechanismus des Schiebedachs nur wenig überarbeitet werden. Man fand eine komplette Innenausstattung in einem Devon-Camper aus dem Jahre 1962 und einen 1641-ccm-Motor mit einem selbst gebauten Turbolader, ähnlich dem, der bei den Renault-R5-GTI-Turbomodellen zur Sonderausstattung gehörte. Matt baute auch zu öffnende Safariwindschutzscheiben ein, Aufstellfenster rundum sowie ein zu öffnendes Safariheckfenster, um für die entsprechende Kühlung im Innenraum zu sorgen. Die Lackierung in Purpur und Weiß war ebenfalls Matts Werk.

Dieser besondere Samba-Camper wurde in Magazinen abgebildet und gewann Preise, aber 1999 sah sich Matt nach einem anderen Projekt um, sodass der Camper an einen Musikproduzenten aus London verkauft wurde. Damals wurde er von einer verrückten Frau gestohlen, die ihn einfach in ihrer Garage einschloss und jeden Tag polierte! Der Besitzer war so erfreut, ihn in einem besseren Zustand zurückzubekommen, dass er auf Schadenersatzforderungen verzichtete.

Campervan-Besitzer sind es gewohnt, gefragt zu werden, ob sie ihren Bus verkaufen wollten – selbst an Tankstellen oder Ampeln werden sie angesprochen, ob das Fahrzeug zum Verkauf stehe. Als ein junger Kerl auf einem Roller an einer Ampel an das Fenster des Samba klopfte und den Besitzer fragte, ob er den Wagen verkaufen wolle, war der Fahrer nicht überrascht. Seine Antwort lautete: »Klar, wenn der Preis stimmt!« Es stellte sich heraus, dass der junge Mann Jamie Oliver war, der klassische Ikonen verehrte und zu dessen ehemaligen Wagen ein Maserati 4.2 und ein Porsche Cayenne gehörten.

Weil er an schnelle Wagen gewöhnt war, wollte Jamie einen leistungsfähigeren Motor in den Camper einbauen. In den folgenden zwei Jahren probierte er zwei verschiedene Motoren aus, bevor er auf einen 2,4-Liter-T4-Motor mit Doppelvergaser stieß, der über ausreichend Power verfügte, um den Jungs von Buses With Attitude (siehe Seite 17) auf den Drag-Strecken einen Schrecken einzujagen. Seitdem trat der Bus gemeinsam mit Jamie als Werbung im Sainsbury-TV auf. (Wer kann je die eine vergessen, in der etwas aus einem Fenster geworfen wird und durch ein unechtes Glasdach fällt?) Er wurde auch schon brennend auf einer Rennstrecke gezeigt, während Jamie verzweifelt versucht, sich im hinteren Teil des Wagens ein Essen zuzubereiten. Jamies Camper ist schon in den meisten seiner Fernsehprogrammen aufgetreten, und er fuhr sogar einige »Dinner-Ladies« in der Serie »Jamie's School Dinner«.

Es war jedoch die TV-Serie »Jamie's Italy« aus dem Jahre 2005, die den kleinen purpur-weißen Camper in jeden Haushalt brachte. Obwohl viele die Kochserie gern sahen, ging es den echten Camper-Enthusiasten vor allem darum, den Samba in atemberaubenden Szenen zu erleben. Mit einem passenden mobilen Küchenanhänger, der aus zwei T2-Bussen gebaut worden war, fuhr Jamie auf der Suche nach regionalen Köstlichkeiten, die dann vor der Kamera präsentiert wurden, durch das ländliche Italien. Über das Abenteuer äußert er sich so: »Ich habe Italien immer geliebt, und ich wollte einfach weg, nur herumfahren und kochen.« Eine besondere Sternstunde ereignete sich in einem Dorf, in dem alle Kinder mit einer köstlichen und sehr gesunden Schulmahlzeit aus biologisch angebautem Obst und Gemüse bewirtet wurden.

Unglücklicherweise konnte Jamies Camper nicht allzu viel zum positiven Images des VW-Campers beisteuern, da er sich entschlossen hatte, sich schlecht zu benehmen, und auf der Reise mehrmals ausfiel, was mitsamt Jamies Frustration im Fernsehen gezeigt wurde. Gleich zu Anfang füllte Jamie die zusätzliche Kurbelgehäuse-Entlüftung (die helfen sollte, den leistungsstarken Motor kühl zu halten) versehentlich bis zum Rand mit Öl. Einmal musste sogar Luke Theocari von Terry's Beetle Service (links auf dem Bild mit Jamie), der Jamies Camper regelmäßig wartete, damit er rund lief, mit einem Ersatzgetriebe im Handgepäck nach Italien fliegen, welches er dann einbaute, damit die Serie weitergehen konnte. Obwohl er seinen Camper liebte, beschrieb Jamie ihn nach seiner Rückkehr als »Ärgernis« und bot ihn zum Verkauf an. Vielleicht sollte seine nächste Serie davon handeln, wie man »handliche Snacks zubereitet, während man auf seinen ausgefallenen Truck wartet«.

Und wenn man mal nicht in seinem Bulli campt ...

... befördert man stilvoll seine exotischen Haustiere.

... transportiert man die Familienkanus.

Ursprünglich als ein preiswerter Lieferwagen entwickelt, weitete sich das Modellangebot des VW-Transporters schnell aus und schloss 1952 den Bus und das Siebensitzer-Sondermodell (Samba), den Kombi, den Krankenwagen und den Pritschenwagen ein. Die Kunden begannen schnell die Vielseitigkeit und Zuverlässigkeit des VW-Transporters zu schätzen, der in Deutschland den Spitznamen »Lastesel« erhielt. Der Kombi war der Prototyp der Fahrzeuge, die heute Multi Purpose Vehicle (MPV) genannt werden; seine leicht auszubauenden Sitze und seine spartanische Ausstattung machten ihn zu einem erschwinglichen Fahrzeug, das in der Woche geschäftlich und an den Wochenenden für die Familie genutzt werden konnte.

Wie in Kapitel 4 dargestellt, spielte die vielseitige Nutzung in der Werbung eine wichtige Rolle. Der leichte Ein- und Ausbau der Innenausstattung war das zentrale Verkaufsargument für einige Camper-Versionen. Andere Umbauten wurden (und werden noch immer) als spezifische Alltags- oder Wochenend-Fahrzeuge vermarktet, mit flexibler Sitzanordnung und einfacher Küche. Das Schöne am VW-Camper liegt nicht nur im Lebensstil, den er bietet – er kann auch auf 1001 verschiedene Weisen praktisch eingesetzt werden: Man kann mit ihm Kinder zur Schule befördern, Abfall zur Deponie bringen, man kann damit stilvoll zum Schulball fahren, Motoren und Teile transportieren, doch das sind nur einige Möglichkeiten, den Bus zu nutzen. Es folgen ein paar weitere ...

... beantwortet man das jahrhundertealte Rätsel: »Wie viele Elefanten kann man in einem Camper transportieren?«

... fährt man die Tiere zu Schäferhundausstellungen und Prüfungen.

... errichtet man einen Verkaufsstand auf dem Flohmarkt.

... sammelt man Holz für den Kamin.

... sammelt man die gespendeten Pakete der örtlichen Grundschule für die Aktion »Weihnachtsgeschenke für Afrika« ein.

... nimmt man ein Quad und einen Hund auf einen kurzen Ausflug mit.

... fährt man zur Gartenarbeit.

... spart man Zeit und Geld beim Aufbau eines Gerüsts.

... macht man mit der Großmutter einen Tagesausflug.

11 Feuer und Eis – extreme Abenteuer

Trotz Jamie Olivers Erfahrungen in Italien (siehe Seite 139) ist der luftgekühlte Motor des VW-Campers von einer legendären Zuverlässigkeit (und, falls dies doch einmal nötig sein sollte, leicht austauschbar). Dies, in Verbindung mit der hohen Bodenfreiheit, macht den VW zu einem idealen Fahrzeug für Fahrten unter extremen Bedingungen, sowohl was die Temperaturen als auch was das Gelände betrifft. Wie die Reiseberichte in diesem Buch zeigen, kommen VW-Camper an Orte, vor denen Fahrzeuge mit Allradantrieb zurückschrecken, und die Besitzer vertrauen ihrem kleinen Camper blindlings, dass er all das meistert, was man ihm – manchmal buchstäblich – aufbürdet. In Eis, Schnee und extremer Kälte lassen die VW-Camper ihre Besitzer ebenso wenig in Stich wie in glühender Hitze und weichem Sand. Und wenn das doch einmal geschehen sollte, kann man immer noch abwarten und Teewasser aufsetzen ...

Der Shasta-Snow-Trip: Nichts für Waschlappen

Dieser Trip ist nichts für Waschlappen! Fahrerteams mit Ausdauer, gutem Urteilsvermögen, technischen Fähigkeiten und soliden Motoren erwartet ein einzigartiges Abenteuer. Seid ihr jemals in einer Gemeinschaft gewesen, in der die Anzahl der Leute die ihrer Zähne übertraf oder die Anzahl der Banjos die der Jagdhunde? Wir werden einige solcher Gemeinschaften kennenlernen. Wir werden tief in die Wälder von Mendecino, Trinity, Six Rivers und Shasta vordringen, dorthin, wo die Leute noch Seitengewehre tragen. Übersteht euer großartiger Bus eine solche Fahrt? Habt ihr das mechanische Know-how, wenn ihr 100 Meilen tief im Mendecino-Forst festliegt? Wenn ihr meint, dass ihr das durchsteht, dann könnt ihr euch jetzt für das Shasta-Erlebnis anmelden!

Nur die allerhärtesten Bullifahrer lassen sich auf solch ein Angebot ein. Das komfortable amerikanische Leben hinter sich zu lassen und im Januar nach Nordkalifornien in den Shasta-Nationalpark zu fahren ist für Richard Kimborough, den Rustybus und einige unverbesserliche Busfreaks eine alljährliche Gewohnheit geworden. Mount Shasta ist ein 4316 Meter hoher erloschener Vulkan, knapp 100 Kilometer von der Grenze zwischen Kalifornien und Oregon entfernt. Nichts für Zartbesaitete und auch für die Härteren kein Zuckerschlecken, ist der Shasta-Trip ein Abenteuer, das den amerikanischen Pioniergeist einfängt und bei dem der Mensch gegen die Elemente kämpft und sich extremen Gefahren aussetzt, bevor er triumphiert! Die Transportprobleme der Vergangenheit sind für den modernen Reisenden vergessen, und Volkswagen-Busse und -Camper sind die Arbeitspferde bei diesem modernen Abenteuer. Der Treck geht über drei Tage und 1600 Kilometer durch Schlamm und Schnee bei Temperaturen unterhalb des Gefrierpunkts und kann am ersten Tag bis zu 24 Stunden andauern. Warum? Hier ist Richards Sichtweise der Dinge:

Ein Ausdauertest, um Leib und Seele von Fahrer und Bus zu testen. Spaß, Kameradschaft, zu spüren, dass man etwas vollbringt, ein Trip in die Tage unserer Vorväter, eine Leistung, die einen eisernen Willen erfordert, um das Wetter zu überstehen, und das Gefühl, der Welt um sich herum näherzukommen.

Der Trip ist vom Start weg voll im Gange, und binnen Minuten windet sich der Konvoi in Dunkelheit gehüllt auf einer Korkenzieherstraße unter einem Baldachin von Mammutbäumen aufwärts, deren Schatten die Fahrer entnerven und ihren Adrenalinspiegel steigen lassen sollen. Die Umgebung und das Wetter tragen zu der Verwirrung bei, indem sie sich permanent verändern. Von kälter als kalt wechselt das Wetter im Nu zu Sonne und Hitze. Richard fuhr in seinem ersten Jahr als Beifahrer mit dem Organisator Brian Piercy, einem koffeinsüchtigen, energiegeladenen Verrückten und Ex-Marinesoldat, der seinen Bus wie ein Geländefahrzeug mit Allradantrieb fuhr. Um ein besseres Bild von dem sich hinter ihnen hinaufwindenden Buskonvoi zu bekommen, öffnete Richard die Seitentür und benutzte seinen Sundial-Camperkühlschrank als Trittstufe, um einen besseren Zugang auf das Dach des fahrenden Busses zu bekommen. Von diesem Ausgangspunkt kletterte er auf das Dach, und der Bus fuhr mit über 55 km/h eine schmutzige verschneite Straße hinunter. Der Schnee spritzte an seine Brille, und die Kälte kroch ihm in die Glieder, bis Brian stoppte und er auf den Beifahrersitz zurückkehren konnte.

Die Straße gab atemberaubende Ausblicke auf die Berglandschaft frei, mit schneebedeckten Gipfeln, die in purpurfarbene Wolken gehüllt waren und so surreal aussahen, dass sie an Szenen aus dem Film *Der Herr der Ringe* erinnerten. Bei Nacht, als alle sich um die Lagerfeuer drängten, um sich zu wärmen und um sicher zu sein, gemahnte das entfernte Heulen der Wölfe an einen verrückten Nazgul und ließ sie bis auf die Knochen erschauern. Die Annehmlichkeiten, die der Durchschnittsamerikaner liebt, schienen ein Menschenalter entfernt zu sein.

Fünf Jahre später ist Richard immer noch von dem Mount-Shasta-Abenteuer gefesselt, aber jetzt fährt er einen eigenen Bus, den er Rustybus genannt hat. Ein Begriff, der oft auf den Shasta-Trips benutzt wurde, ist »opposite Lock« – das bezeichnet das angemessene Gegenlenken, wenn das Fahrzeug auf eisglattem Untergrund wegrutscht. Das ist ein schöner Spaß, verlangt aber starke Nerven, weil der Wagen wie auf einer Achterbahn führt, bevor er wieder in die Spur kommt. Diese verrückten Busfreaks provozieren das Ausbrechen absichtlich, sobald sie auf ein vereistes Stück Straße treffen. Es ist so ähnlich wie in der Geisterbahn, wenn man einige Sekunden lang auf einen Abhang zufährt, doch dann greifen im letzten Augenblick die Räder wieder und der Bus kämpft sich langsam in die Spur zurück.

Richard erinnert sich lebhaft an eine solche Schlingerfahrt in der letzten Nacht auf einem dieser Trips. Das »4x4« genannte Gelände war eine »Spielwiese« zur Erprobung derartiger Stunts. Es war voller tiefer Pfützen, die die Busse bis über die Scheinwerfer bespritzten und die Fahrer in pechschwarze Dunkelheit hüllten, was sie nicht davon abhielt, ihre Stunts fortzuführen. Die Straße war hochgelegt und auf dem 4x4-Gelände in zahlreiche Pfade verzweigt. Richard fuhr an den Rand eines Abgrunds neben dem 4x4-Areal, und weil es vor ihm steil nach unten ging, konnte man trotz Lichts nichts sehen. Er konnte nicht zurück, denn wegen des Schlamms hatten die Räder keine Traktion. So rutschte er den Abhang weiter herab, mit dem Gefühl, sein Bus stehe auf der Nase. Er versuchte so langsam wie möglich abwärts zu rutschen, und schaffte es, unbeschädigt und unverletzt unten anzukommen. Diesen Erfolg vor Augen, fuhr er zu einem weiteren Abhang und lenkte den Bus über die Kante. Schon bald wurde ihm klar, dass der Hang für den Bus viel zu steil war. Rustybus schoss nach oben, fuhr über den Rand, landete mit voller Wucht auf der Nase, wurde durch den Aufprall noch einmal anderthalb Meter in die Luft geschleudert und knallte dann auf die Straße. Richard stieg aus und stellte fest, dass, abgesehen von einem Schaden an der Batteriehalterung, der Rustybus unbeschadet davongekommen war. Er bemerkt dazu: »Der Wahnsinnsspaß war unglaublich – aber er sollte nicht wiederholt werden!«

Dann gibt es natürlich noch die Shasta-Version der alten Pionier-Pfad-Flussüberquerung ... jetzt allerdings statt mit dem Planwagen mit einem Volkswagen mit 30-PS-Motor. Die hohe Bodenfreiheit gibt einen kleinen Vorteil, aber die verborgenen Schlaglöcher und Höhenunterschiede auf der Straße stellen für sie die gleichen Herausforderungen dar wie für die Pioniere. Jetzt machen sie es allerdings aus Spaß – Verrückt oder nicht verrückt?

SHASTASNOWTRIP.COM

Wüsten-Durchquerung

Im Jahre 1978 fuhren Kevin Jones und John McMahon über 30 000 Kilometer durch Syrien, den Libanon, Jordanien, Saudi Arabien, den Jemen, Katar und die Arabischen Emirate. Sie kauften vor dem Australia House in London (dem Ort, wo die Reisenden von Down Under immer ihre VW-Busse für Überlandabenteuer kaufen oder verkaufen) einen VW-Kombi, der dort angeboten wurde. Das Fahrzeug Baujahr 1970 hatte eine DIY-Innenausstattung aus Sperrholz und Spanplatten: primitiv, aber funktionell. Die beiden wollten für eine Londoner Fotoagentur die islamische Kultur und interessante Plätze fotografieren. 20 Jahre später fasste Kevin ihre Erfahrungen auf der Reise in einem Buch mit dem Titel *Inshalla: Odyssey to the Middle East* zusammen. Darin heißt es:

Indem ich über diese Abenteuer schreibe und sie erneut durchlebe, beherrschen sie noch einmal mein Seelenleben. Während ich die Reise durch die Länder des Nahen Ostens noch einmal Revue passieren lasse, werde ich daran erinnert, dass das Leben viele Wege bereit hält, dass es aber – ob durch Zufall oder Planung – immer zum Abenteuer wird. Jeder benötigt eine Orientierungshilfe für das Leben, und ich fand sie durch die Menschen, die uns in all den Ländern des Nahen Ostens, die wir bereisten, Unterstützung leisteten. Unser Motto auf dieser Reise – schau nach vorn, nicht zurück – wurde manchmal auf eine harte Probe gestellt. Als grundsätzliche Regel entdeckten wir, dass wir, ganz gleich, um welche Schwierigkeiten es sich handelte, selbst die Lösung finden mussten.

Der Buchtitel *Inshallah* ist arabisch und lautet übersetzt: »So Gott will.« Kevin schreibt: »Es gab sicher einige Momente auf unserer Reise, in denen wir zu scheitern drohten, aber wir hatten immer Glück und eine unsichtbare Hand, die uns weiterhalf.« Viele der »Straßen«, die sie befuhren, waren tatsächlich nur eine Spur oder Reifenprofile im Sand. Aber der VW-Camper kam im weichen Sand und auch in mit Steinen übersäten Wadis gut zurecht, seine hohe Bodenfreiheit und sein Gewicht verliehen ihm fast die Fähigkeiten eines Wagens mit Allradantrieb. Der folgende Auszug aus dem Buch vermittelt einen Eindruck, auf welche Schwierigkeiten sie bei der Durchquerung eines solchen Geländes stießen. In diesem Fall handelt es sich um die Wüste und die Sanddünen zwischen dem Jemen und Saudi-Arabien:

Wir folgten einem Spurenpaar in die Wüste und hofften, dass es uns auf direktem Weg zur Grenze nach Saudi-Arabien bringen würde. Viele der leichteren Fahrzeuge prägten ihre eigenen Spuren in den Sand, und unglücklicherweise folgten wir einer dieser Linien statt der Hauptspur der schweren Lkws. Die Folge war, dass wir oft unvermittelt im Sand stecken blieben und viel Zeit verloren, weil wir uns immer wieder ausgraben mussten. Wir waren gezwungen, nach Al Bogeh zurückzukehren und neu zu überlegen. Unterwegs trafen wir auf einen Sandwall, eine lange Barriere, die unseren Weg blockierte, viel zu lang, um sie zu umfahren, und so unternahmen wir einige Versuche, sie zu überqueren und auf den härteren Sand auf der anderen Seite zu gelangen.

Der Wall war etwa neun Meter hoch, und manchmal kamen wir fünf bis sieben Meter hoch, bevor wir festsaßen, umkehren und einen neuen Anlauf nehmen mussten. Wir legten auch Markierungen aus, denen wir folgten, um die Vorteile eines härteren und kompakteren Sandes zu nutzen. Ich schaffte es schließlich, den Wall zu erklimmen, setzte oben mit dem Boden auf, überfuhr schließlich mit hochdrehendem Motor und durchdrehender Kupplung den Kamm und raste zu meinem Schrecken mit höchster Motorleistung auf der anderen Seite hinunter!

Ich widerstand der Versuchung, die Geschwindigkeit zu reduzieren, und ließ den Kombi mit Unterstützung der Schwerkraft nach unten rollen. Glücklicherweise bremste der Widerstand des Sandes das Fahrzeug wirkungsvoll ab, sodass ich einen halbwegs kontrollierten Abstieg schaffte. Unten angekommen, traf ich auf ein Schotterbett,

hart genug, um anhalten zu können und auf John zu warten. Danach machten wir erst mal eine Pause und überlegten, wie es weitergehen sollte. Wir waren jetzt völlig erschöpft und etwas paranoid in Bezug auf weichen Sand, der uns überall zu umgeben schien. In der Nähe fanden wir einige tiefe Furchen, die von Lkws stammten, und entschieden, dass das die Hauptroute sein müsse, der wir die nächsten Tage folgen wollten. Während ich bei dem Van blieb, marschierte John los, um den Weg zu erkunden, damit wir unsere Planungen darauf abstimmen und uns auf einen frühen Start einrichten konnten. Nach einem halben Tag, an dem wir versucht hatten, die Wüste zu durchqueren, waren wir nur wenige Kilometer auf der 50 Kilometer langen Strecke von Al Bogeh an die Grenze vorangekommen.

Wir warteten bis weit nach acht Uhr morgens auf einen Führer. Zu dieser Zeit hatte die Sonne schon einige Kraft, und der Sand hatte seine Festigkeit verloren, was daher kam, dass die Kühle der Nacht einen leichten Tau hinterlassen hatte. Er hatte jetzt die Konsistenz von Sand in einer Sanduhr und floss mit der Leichtigkeit von Wasser. Wir folgten der Lkw-Spur und trafen auf zwei weitere unangenehme Sandwälle. Das Gaspedal bis zum Boden durchgetreten, gelang es uns, sie zu überwinden, und im Kielwasser der tiefen Furchen der Lkws setzten wir unseren Weg fort. Auf einem etwas festeren Untergrund legten wir eine kleine Pause ein und folgten dann weiter der Spur, bis wir am Fuß einer großen Düne auf eine Gabelung stießen. Wir nahmen die linke Spur, die unserer Meinung nach nach Saudi-Arabien führen musste, und sahen hinter einer Biegung vor uns eine riesige Düne aufragen. Sie war etwa zwölf Meter hoch und hatte einen Neigungswinkel von 25 Grad.

Wir schafften es, sie etwa zur Hälfte hochzufahren, und saßen dann fest. So gruben wir den Wagen aus und fuhren zurück an den Fuß der Düne. Hier konnten wir den VW auf einer Geröllfläche wenden, einige hundert Meter zurückfahren, wieder wenden und einen neuen Anlauf nehmen. Wir unternahmen mehrere Versuche, jedes Mal wühlten wir mehr Sand auf und steckten, wieder nur auf halber Höhe der Düne, fest. Als wir an der Gabelung den Abzweig scharf links nahmen, kamen wir wieder ein Stück hoch, obwohl ich mit dem schwer beladenen Bus nicht schneller als 30 km/h fahren konnte, doch dann drehte sich das hintere Ende nach vorn. So verloren wir viel Schwungkraft und konnten diesmal nur wenige Meter die Düne hochkommen.

Jetzt lagen unsere Nerven blank, und auch der Sand auf der Düne war jetzt so aufgewühlt, dass wir mit jedem Versuch früher scheiterten. Wir beschlossen, einen letzten Versuch zu wagen und uns dann, wo immer wir auch feststeckten, den Weg bis an die Spitze freizugraben. Wir hatten die Hälfte der Strecke geschafft, als sich die Hinterräder festfuhren. Ich stoppte sofort, und wir sprangen heraus, zogen alle Matten aus dem Wagen heraus, Gummi-Bodenbeläge, Teppiche, Handtücher, alles, was die Räder unterstützen konnte und ihnen Traktion verlieh. Uns selbst zu befreien war ein ermüdender Prozess, bei dem wir Sand unter dem Fahrzeug wegschaufelten, die Matten vor die Räder legten und langsam anfuhren. Wir mussten die Kupplung schleifen lassen, um die Motorleistung langsam auf die Räder zu bringen, und kamen so jedes Mal lediglich 15 bis 30 Zentimeter voran.

Das alles fand in der brütenden Hitze der Wüstensonne statt, ähnlich der Szene in dem Filmklassiker *Ice Cold in Alex*. Wir kamen nur mühsam vorwärts und mussten extrem vorsichtig sein, um zu verhindern, dass die Hinterräder stecken blieben. Wenn das passiert wäre, hätten wir wahrscheinlich an den Fuß der Düne zurückfahren und wieder von vorne beginnen müssen. Immer wieder hoben wir vorsichtig die Hinterräder an, füllten die Löcher darunter auf, legten Matten darüber und fuhren, nachdem wir die Räder wieder abgesenkt hatten, ein kleines Stück höher. Gerade als wir überlegten, wie lange wir noch für den Rest der Strecke brauchen würden, kam ein Toyota Land Cruiser mit Allradantrieb. Der Fahrer bot uns an, uns abzuschleppen, erklärte aber, dass er kein Zugseil habe! Er machte uns klar, dass wir den Weg räumen müssten, da in Kürze Lkws ihn passieren würden; für 100 Saudi Riyals (nach heutiger Umrechnung etwa 18 Euro) wolle er uns helfen … ein günstiges Angebot! Indem wir die sechs Meter lange Kette, die alle unsere Kanister auf dem Dach festhielt, benutzten, gelang es dem Toyota, während beide Motoren hart arbeiteten, unseren Wagen mit einem Ruck auf die Spitze der Düne zu ziehen, wo wir auf relativ festem Sand standen und die Kette wieder lösen konnten. Wir bezahlten den Fahrer, der uns danach uns selbst überließ, setzten uns, atmeten tief durch, nahmen eine Tasse Tee zu uns und rauchten einige Zigaretten, um die stark strapazierten Nerven zu beruhigen. Die Route, auf die wir jetzt kamen, war einigermaßen in Ordnung, mit tiefen Spuren im Sand, aber mit einiger Vorsicht durchaus befahrbar. Wie auch immer, wir waren wieder unterwegs, dankbar, auf sicherem Grund und, wie es schien, auch auf dem richtigen Weg.

(Das Buch *Inshallah*, das die ganze Geschichte der Überlandabenteuer enthält, kann nur direkt von Kevin Jones, 30 Pine Gardens, Upton on Chester, Chester CH2 1DB, England, oder unter www.telemation.co.uk erworben werden.)

12 Vier Hochzeiten

Schlagt euch Vorstellungen von barfüßigen Hippies mit Perlenkettchen aus dem Kopf – die Camper-Liebhaber von heute bevorzugen bei der Hochzeit den klassischen Stil, allerdings wird der Rolls-Royce, das Pferd oder die Kutsche durch einen klassischen Camper ersetzt. Wenn man mit einem Bulli lebt und heiratet, gibt es nur eines: Man benutzt ihn als Hochzeitskutsche für die Braut und die Brautjungfern. Gibt es eine bessere Art, um die zentrale Rolle des Campers in der künftigen Verbindung zu demonstrieren – die zweifellos die nächste Generation von Bus-Babys hervorbringen wird?

und ein Todesfall

Aber es sind nicht nur Bulli-Liebhaber und -Fanatiker, die sich mit ihm »verheiraten«. Eine wachsende Zahl von Menschen liebt das klassische Design und verlangt nach etwas mit nostalgischem Flair, etwas Außergewöhnlichem für den großen Tag. Das wiederauflebende Interesse am VW-Camper zeigt sich auch darin, dass mittlerweile mehrere Firmen Hochzeitsfahrten mit ihm organisieren, vom einwandfreien Sonnendach-Samba bis zum verlängerten weißen Limo-Beetle!

Mehr als eine Highland-Liebelei

Ricki James ist einer von den Leuten, die in Bussen leben, essen, schlafen und träumen. 1979, im rebellischen Alter von 19 Jahren, lieh er sich den Camper seines Vaters und fuhr an den Strand von Biarritz. So sehr er auch bat, konnte er seinen Vater doch nicht überzeugen, ihm den Wagen dauerhaft zu überlassen. Das war zehn Jahre, bevor er schließlich seinen eigenen T1-Camper, einen Samba in purpur-weißer Lackierung (Sondermodell mit Sonnendach, Dach- und Rundumfenstern), erwerben konnte, den er im Warhol-Stil mit Bananendrucken ausstattete und Banana-Bus taufte. Ricki und seine künftige Frau Viv unternahmen etliche Reisen mit dem Bus, darunter auch eine lange, abenteuerliche Tour durch Europa. In den 1990er-Jahren waren beide in der Busszene stark engagiert, und Ricki übernahm die Funktion eines Special-Display-Koordinators bei Treffen und Veranstaltungen im Splitscreen Van Club, für den er Präsentationen und Darstellungen bei Shows und Veranstaltungen organisierte. Seine beeindruckendste Präsentation war die lückenlose Aufreihung von Bussen der Jahre 1950 bis 1979.

Neben dem Banana-Bus besaß Ricki noch einen Samba aus dem Jahre 1965, den Herbie-Bus (mit dem Aufkleber 53 wie beim Original-Herbie-Käfer von Disney) und einen Samba aus dem Modelljahr 1958. Derzeit fährt er den Musclebus, einen Samba-Rechtslenker von 1954 (sehr selten), komplett mit einer zeitgenössischen schwedischen Camping-Ausstattung und einem 2,6-Liter-Typ-4-Porsche-914-Motor, der für zusätzliche Aufmerksamkeit sorgt. Dieser Bus ist sehr schnell und braucht nur 16 Sekunden für die Viertelmeile. Ricki ist auch Gründungsmitglied von BWA (Buses With Attitude) – einem Club, dem man nur beitreten kann, wenn man mit einem Bus, der vor 1967 gebaut wurde, die Viertelmeile unter 18 Sekunden fährt.

Da Viv aus Aberdeen stammt, war dies 1998 der einzig mögliche Ort für ihre Hochzeit. Natürlich mussten die Hochzeitsfahrzeuge Samba-Busse sein – drei Stück. Keine schottische Hochzeit ist komplett, ohne dass der Bräutigam einen Kilt trägt. Glücklicherweise ist der MacDonald-Tartan einer der beiden, die auch von »Sassenachs« (so nennen Schotten die Engländer) und anderen Nichtschotten getragen werden dürfen, und er sieht dazu auch noch sehr attraktiv aus. Und die Flitterwochen? Was hätte es anderes sein können als eine Tour durch die schottischen Highlands im Herbie-Bus, begleitet von drei anderen alten Camper-Modellen? Und wenn man denkt, dass einer wie der Camper von Jamie Oliver aussieht, dann liegt man nicht falsch – zu diesem Zeitpunkt gehörte er allerdings noch dem Vorbesitzer, der 13 Stunden durchgefahren und gerade rechtzeitig angekommen war, um mit einem Kilt ausgestattet zu werden und die Brautjungfern zu kutschieren.

Ricki kann sich ein Leben ohne seinen Camper nicht vorstellen. Er sagt: »Ich liebe die Vielfältigkeit, die Szene, die Atmosphäre, die Leute und die Kameraden, die ich jedes Wochenende treffe. Aber das Beste daran ist, dass du den Leuten ein Lächeln aufs Gesicht zauberst, wenn du einen Split-Bus fährst.«

Vorhergehende Seiten von links nach rechts:

Für dein Geschäft, für die Hochzeit – nimm einen VW-Bulli!
Herbie fährt wieder – wiedergeboren als Camper.
Bulliparade.
Die Bus-Gemeinschaft ehrt einen beliebten Enthusiasten.

Volks-Hochzeit

Nachdem er zehn Jahre abstinent gewesen war, kehrte Andrew Fowler im Jahre 2000 in die VW-Szene zurück und kaufte einen T3-Danbury-Camper aus dem Jahre 1981. Die abgenutzten alten Vorhänge des Campers mussten erneuert werden. So bat Andrew seine Großmutter, ihm neue anzufertigen. Das tat sie gern, und es war der Beginn einer neuen Geschäftsidee: VW-Vorhänge. Zu dieser Zeit war Andrew als IT-Berater tätig, sodass es für ihn ein Leichtes war, eine Website zu erstellen – und damit war sein Geschäft gegründet. In der Zwischenzeit hatte Andrew Kay kennengelernt, und sie bekamen eine gemeinsame Tochter, Lauren. So wie sich das Geschäft immer besser entwickelte, festigte sich auch ihre Beziehung, und sie legten ihren Hochzeitstag für Mai 2005 fest. Kay teilte Andrews Liebe für die Volkswagen, und man kam überein, dass das Hochzeitsfahrzeug ein VW-Camper sein sollte.

Am Hochzeitstag kam Kay in einem Devon-Camper aus Neuseeland, Baujahr 1961, der Mark Soar gehörte und von ihm restauriert worden war, zur Trauung. Andrew nahm seinen restaurierten Kastenwagen von 1967, ein Importfahrzeug aus Schweden. Sein Trauzeuge fuhr einen 993 Carrera 2 aus dem Jahre 1994, der ebenfalls Andrew gehörte. Nach der Hochzeit entwickelte sich das Geschäft weiter positiv, und Kay und Andrew wurden nun auch Geschäftspartner, wobei Kay die gesamte Korrespondenz und Buchhaltung erledigte. Sie blieben auch weiterhin Mitglied der VW-Familie und besuchten mit ihrem Verkaufsstand Shows und Treffen. Sie mögen den VW-Lifestyle wegen der freundlichen Szene, und es liegt ihnen daran, um mit Andrews Worten zu sprechen, dass »die coolen alten Vans auf den Straßen zu finden sind und nicht auf Schrottplätzen!«

Eine Hochzeit Down Under

Diese Hochzeit ist ein klassisches Beispiel dafür, wie sich die Bulli-Gemeinschaft auf der ganzen Welt gegenseitig hilft. Sam und Kelly waren Bus-Freaks, so lange sie zurückdenken können. Als sie ihre Hochzeit in Perth, Westaustralien, planten, wollten sie aus diesem Tag einen klassischen VW-Bus-Tag machen. Sam schickte ein Schreiben an ein VW-Forum und bat um Hilfe. Er bekam sofort eine Antwort von »Simon.in.oz«, der seinen weißen T3 anbot. Simon brachte Sam dann in Kontakt mit Paul, der einen neuwertigen T1-Bus aus dem Jahre 1964 besaß. Ein Telefongespräch mit Paul, und man hatte ein Brautfahrzeug.

Sie trafen sich mit Paul und seiner Frau Sandy im März 2005, wenige Tage vor der Hochzeit, und sie erlebten sie als freundlich und hilfsbereit. Der Bus war absolut makellos. Sam dekorierte ihn im traditionellen Stil mit einigen rosa Bändern, und Paul fügte die Schleife als abschließendes Detail hinzu. Am Hochzeitstag holte Paul die Braut, zwei Brautjungfern, ein Blumenmädchen und den einen Kilt tragenden Überbringer der Ringe, Callum, ab und fuhr mit ihnen entlang der schönen Küste von Perth in die Sonne. Sam und Kelly sagen: »Es war ein fantastischer Tag, besonders wegen der Liebenswürdigkeit von Paul und Sandy und ihres fabelhaften Splitty.«

Sam und Kelly Carter sind jetzt in der Pop-Kunst-Szene tätig und haben sich auf die Pop-Art-Style-Bilder von Volkswagen spezialisiert. Sam beschreibt ihre Arbeit:

»Angetrieben einerseits von dem Mangel an preiswerten und qualitativ hochwertigen Bildern auf den Ausstellungen, andererseits von unserem Interesse, mit künstlerischen Techniken zu experimentieren, hoffen wir, dass die Gemälde, die wir gemacht haben, zeigen, dass ein herrlicher Blickfang absolut originell sein kann und nicht gleich die Welt kosten muss.«

Camper wird es sicher auch noch in ferner Zukunft für sie geben.

1AYA·778

Eine Liebesgeschichte auf amerikanische Art

Isaiah Hanback war seit seinem 15. Lebensjahr von Bussen begeistert, und als er 16 war, verfiel er ihnen mit Haut und Haaren. Er wurde Mitglied von »Der Busbesitzer Gruppe«, und sein Interesse für Busse und seine Freundschaften blühten auf. Seine Freundinnen teilten sein Hobby nicht, bis er Tasha traf, der zwar nicht viel daran lag, selbst schmutzige Restaurierungsarbeiten auszuführen, die aber die Fortschritte genau verfolgte, als ihr gemeinsamer Westfalia-Camper aus dem Jahre 1961 seinen früheren Glanz zurückerhielt.

2003 gewann der Wagen, der ihr ganzer Stolz war, beim »Buses Nowhere Near the Arch«-Treffen den Preis als bester Bus. In der Zwischenzeit war die Beziehung zwischen Isaiah und Tasha enger geworden, und sie setzten ihren Hochzeitstag auf den 18. September 2004 fest. Isaiah kaufte als Hochzeitsgeschenk einen Ovali-Käfer mit Schiebedach Baujahr 1957 und stellte eine Gästeliste zusammen, die all seine Bus-Kumpels enthielt (und ihre Fahrzeuge). Billy Knudson war Trauzeuge, da er fünf Jahre zuvor dafür gesorgt hatte, dass Isaiah der »Busbesitzer Gruppe« beitrat.

Die Gäste waren gebeten worden, zur Hochzeit in einem Volkswagen zu erscheinen, und sie fuhren in einer Hochzeitskolonne durch Oshkosh, Wisconsin, bis zum Winnebago-See. Bei der Fotoaufstellung am See waren auch drei Westfalia-Camper mit Aufstelldach zu sehen, ein Westfalia von 1967 und einer von 1972, ein Sonnendach-Standard-Bus, der legendäre 1962er-Kombi von John Lago sowie einige ausgewählte Käfer und Busse, die ebenfalls zu der Empfangsparty gekommen waren.

Tasha und Isaiah fuhren mit einem Porsche 911C Baujahr 1978 in die Flitterwochen (der ihnen von dem Mann geliehen worden war, der ihnen ihr Hochzeitsgeschenk, den Käfer, verkauft hatte). Sie blieben eine Woche in Door County, Wisconsin, und begannen ihr Eheleben mit einer großen Rundfahrt. Isaiah betreibt heute eine VW-Werkstatt und verdankt seinen Wohlstand und seine Heirat dem Volkswagen. Wie er sagt: »Ohne die Busse hätte ich weder die Arbeit noch die großartigen Freunde und wahrscheinlich nicht einmal die Frau, die ich heute habe.«

ZEPHYR

Mitten im Leben ...

Auf die gleiche Weise, wie die Bulli-Gemeinschaft zusammenkommt, um zu feiern, kommt sie auch zusammen, um jemanden zu ehren und zu betrauern. Ben »Boatyard« Bosworth gehörte zu den Menschen, die ausschließlich für ihre Busse leben. Mehr als alles andere liebte er es, seltenen Teilen, Zierrat und »Bus-Krimskrams« nachzujagen, was zur Folge hatte, dass sein Bus jedes Mal anders aussah. Der Boatyard-Bus war auf den Ausstellungen und Treffen sehr bekannt (und wurde viel fotografiert), da Ben, wenn möglich, an jeder Show, jedem Surfer-Treffen und jedem Camping-Trip teilnahm.

Sein Bus war einer der ersten Devon-Camper aus dem Jahre 1957, der als Vorführmodell gebaut worden war. Als er ihn im Jahre 2000 kaufte, befand er sich in einem schlechten Zustand. Obwohl Ben Zeit seines Lebens an chronischen Nierenproblemen litt, restaurierte er den Van innerhalb von drei Jahren komplett selbst; nur ein paar Freunde unterstützten ihn. Er arbeitete an den Wochenenden daran und an so vielen Abenden, wie er konnte. Strenge ärztliche Vorschriften und schmutzige Busse sind eine schwierige Kombination, aber nichts konnte Ben davon abhalten, sich seiner Leidenschaft zu widmen.

Der Van hatte sein Debüt bei der VW Action 2003, 25 Jahre, nachdem er zum letzten Mal auf der Straße gefahren war. Weil er solch ein seltener und begehrter Bus war, den so wenige Leute kannten, scharten sich an dem Wochenende immer eine Menge Interessierter um ihn. Ben war einer der Ersten, die den sogenannten Ratten-Look kreierten, und mit seiner abblätternden, ausgeblichenen Farbe und dem 1776-ccm-Motor setzte der Camper Standards, denen andere »Ratten« nacheiferten.

Leider verstarb Ben im Juni 2005 im Alter von 32 Jahren an seiner Krankheit. Die Bulli-Gemeinschaft trat geschlossen an, um ihn zu ehren, und einige Freunde liehen sich sogar einen VW-Bestattungswagen (statt eines konventionellen) aus Belgien; er wurde beim Trauerzug eingesetzt. Inspiriert durch die Freundschaft, Hilfe und Wertschätzung, die Ben in der Bus-Szene entgegengebracht wurde, haben seine Eltern und einige Freunde den Ben Bosworth Memorial Fund gegründet, insbesondere für Mitglieder der luftgekühlten VW-Szene, die durch »Krankheit in Bedrängnis geraten sind und Hilfe benötigen«. Beim Entstehen dieses Buches wurde der Memorial Fund gerade eingerichtet, und die Einsatzbereiche des Hilfsfonds reichen von einer Reisekrankenversicherung für jemanden, der an ernsthaften Gesundheitsproblemen leidet, um sicherzustellen, dass er die andernfalls unerschwinglichen temporären Behandlungen erhält, bis zur Finanzierung medizinischer Geräte, die von den gesetzlichen Krankenkassen nicht übernommen werden. Ein passendes Denkmal für einen tapferen jungen Mann, der viel Freude daran hatte, in der VW-Camper-Szene leben zu dürfen, und eine Erinnerung an alle, die mitten im Leben stehen ...

13 Out of Africa: Eine lange Reise

Seit er in der Schule von Cecil Rhodes' Vision einer großen Route von Kapstadt nach Kairo gehört hatte, träumte Christian Figenschou davon, auf dieser Route zu fahren. Anfang der 1990er-Jahre machte er Bekanntschaft mit VW-Campern und kam zu dem Schluss, dass ein alter T1 das ideale Fahrzeug für dieses Abenteuer sei. Doch wie das Leben so spielt, kam immer wieder etwas dazwischen, bis er 2001 plötzlich arbeitslos war und entschied, dass dies der geeignete Zeitpunkt sei, seinen Traum zu verwirklichen.

Über die Jahre hatte er allerhand Pläne gemacht, welche Veränderungen er an seinem Camper vornehmen musste, aber ihm wurde bald klar, dass dieser Fantasiebus ein Heidengeld kosten würde. Was er hatte, waren ein kürzlich restaurierter Fleetline-Kombi von 1975 und ein 15-Fenster-Hybrid-T1-Bus aus den 1960er-Jahren, der in Brasilien hergestellt und in Südafrika montiert war. Der Bus war eine Kombination aus Splitty- und Bay-Version. Er war im Originalzustand belassen, außer dass er mit Zebrastreifen bemalt worden war wie die alten ostafrikanischen Safaribusse.

Christian, seine Partnerin Gisela und ihre Mitfahrer Shaun und dessen Freundin Gina fuhren im Juni 2002, am kältesten Tag des Jahres, von Johannesburg los. Zunächst ging es zum offiziellen Startpunkt der Reise nach Kap Agulhas an die Südspitze Afrikas. Von dort fuhr der Zebra-Bus nach Kapstadt, wo die vier den Wagen komplett entluden und einiges nach Hause schickten, um die Last zu verringern. Danach ging es in nördlicher Richtung in eine Halbwüste namens Namaqualand. Da sie ihre Ankunft so getimt hatten, dass die Regenzeit gerade zu Ende war, war die Landschaft in ein buntes Blütenmeer getaucht.

Von hier sollte sie die Reise nach Namibia, Botswana, Sambia, Malawi, Tansania, Kenia, Äthiopien, in den Sudan und nach Ägypten führen, von wo aus sie nach Europa übersetzen wollten. Zu diesem Zeitpunkt fand Gina den Gedanken an die bevorstehende Reise ein wenig entmutigend und kehrte nach Hause zurück.

In Botswana nahmen sie an einer viertägigen Safari in *Mokoros* (Einbaum-Kanus) im Okavango-Delta teil, einem einzigartigen Paradies, umgeben vom Sand der Kalahari-Wüste und zweifellos einer der unberührtesten Orte auf dem Erdball. Der Okavango-Fluss entspringt in Angola, fließt von dort jedoch nicht ins Meer, sondern strebt auf die Kalahari-Wüste zu, wo er im Sand versickert und das einzige Inlandsdelta der Erde bildet – einen ausgedehnten, wasserreichen Garten Eden, der vor Wildtieren wimmelt. Dann überquerten sie mit einer Fähre den Sambesi und kamen nach Sambia. Christian führte über ihre Fahrt ein Tagebuch und schreibt über diesen Abschnitt ihrer Reise:

Als Nächstes fuhren wir in die Hauptstadt von Sambia, Lusaka, wo wir einige Tage bei Freunden verbrachten, bevor wir uns zum South Luangwa Nationalpark in östlicher Richtung auf den Weg machten. In Lusaka wurden wir verhaftet und kurzzeitig von der Militärpolizei festgehalten, weil Shaun in Sichtweite von Militärkasernen aus dem Bus ausgestiegen war und zur Kamera gegriffen hatte. Nach stundenlanger Befragung wurden wir schließlich wieder auf freien Fuß gesetzt, mit der Warnung, dass »Fotografieren in Sambia eine heikle Angelegenheit« sei. Während wir durch Sambia fuhren, konnten wir feststellen, dass die ehemals mit Schlaglöchern übersäten Straßen repariert und ausgebaut worden waren. Wir stießen aber auch auf etwas, vor dem uns viele gewarnt hatten: regelmäßige polizeiliche und militärische Straßensperren. Diese Checkpoints wurden weniger wegen der nationalen Sicherheit errichtet, sondern vielmehr, um von den Reisenden Geld und »Geschenke« zu verlangen. Wir sagten bei allen Fragen nach »Geschenken« einfach »nein«, eine Antwort, die immer akzeptiert wurde.

In Tansania hatten wir unser erstes Problem mit der Polizei: Ein Polizist hielt uns an, als wir im Schneckentempo durch ein Dorf fuhren, und warf uns eine Geschwindigkeitsübertretung vor. Er war entschlossen, uns Geld als Strafe für unseren Verstoß abzuknöpfen, wir waren entschlossen, dem Polizisten nichts zu geben. Die Situation schien festgefahren, bis der Polizist schließlich aufgab und sagte, er würde uns dieses eine Mal verzeihen. Glücklicherweise folgte auf diese Erfahrung der »Höhepunkt«, eine Besteigung des Kilimandscharo; wir alle drei erreichten vom höchsten Berg Afrikas den 5895 Meter hohen Gipfel Uhuru Peak – ein außergewöhnliches, erhebendes und emotionales Erlebnis. Von diesem buchstäblichen Höhepunkt unserer Reise stiegen wir ab und erlebten in der nahe gelegenen Stadt Moshi den emotionalen Tiefpunkt unserer Reise.

In unserer letzten Nacht in Tansania verließen Shaun und ich den Campingplatz am frühen Morgen, um nahe bei einem Restaurant Proviant zu holen. Es stellte sich heraus, dass es weiter entfernt war, als wir gedacht hatten. Aber es waren weniger als zwei Kilometer, sodass wir unbekümmert weitergingen. Unser Weg führte durch ein sehr düsteres Viertel und über eine Flussbrücke, aber wir begegneten unterwegs niemandem. Als wir uns jedoch mit den Lebensmitteln auf dem Rückweg befanden, hörten wir Leute unterhalb der Brücke. Das war eigentlich nicht bedrohlich, aber wir fühlten uns beide unsicher und beschleunigten unsere Schritte. Wir konnten hören, wie jemand die Böschung hochkletterte und auf der Brücke hinter uns herlief. Wir liefen schneller. Dann waren plötzlich zwei Männer hinter uns. Sie schienen unter Drogen zu stehen, sahen schlimm aus und redeten auf Swahili auf uns ein, während einer von ihnen nach meinem Arm griff und der andere mir eine Lampe vor das Gesicht hielt. Ich riss mich los, um sie, immer noch schnell laufend, in Augenschein zu nehmen, während sie ihre Worte wiederholten. Es war klar, dass sie keine freundschaftlichen Absichten hatten. Einer zerrte wieder an meinem Arm, und ich zog ihn wieder weg und warnte ihn, mir aus dem Weg zu gehen. Irgendetwas war offenkundig nicht in Ordnung.

Christian, Gisela, Shaun und Gina sind am kältesten Tag des Jahres zum Start bereit (rechts).

Vorhergehende Seiten von links nach rechts:

Die Straßen in Sambia sind berühmt-berüchtigt für ihre Schlaglöcher und Steine.

In Kenia wird der Äquator überquert.

Wildelefanten, die am Straßenrand fressen, Sambia.

Festgefahren im Sand der Nubischen Wüste im Sudan.

SONY
SONY
SONY
GOODYEAR
CADAC
Kodak
FILM
GOODYEAR
Kodak
FILM
GOODYEAR
LGD567 GP

Die Straßenverhältnisse waren so schlecht, dass Schweißarbeiten notwendig wurden. Um die umgebenden Flächen zu schützen, setzte man Schlamm ein (oben links).

Der Trans East African Highway in Kenia – die Straße aus der Hölle (oben rechts).

Vorsicht! Kamelwechsel (unten)!

Dann eskalierte die Situation irgendwie. Ein Wagen kam auf uns zu, und Shaun trat auf die Straße, um ihn anzuhalten, aber er fuhr vorbei und verschwand. Ich hatte die Männer immer noch im Auge, als einer von ihnen etwas nach Shaun warf und der andere etwas aus einem Sack zog, was in der Dunkelheit wie eine Waffe aussah. In diesem Moment war uns sonnenklar, dass wir angegriffen wurden, und wir rannten beide gleichzeitig weg und riefen um Hilfe. Ich war etwa 20 Meter gerannt, als ich einen schrecklichen Schlag auf den Hinterkopf erhielt und Sterne sah. Im ersten Moment wurde mir schwarz vor Augen, und meine Beine knickten mir weg. Ich verlor die Balance und fiel vornüber. Einer der Angreifer hatte einen faustgroßen Stein aus dem Fluss nach mir geworfen und mich voll getroffen. Gegen die Bewusstlosigkeit ankämpfend, kam ich mit einer enormen Willensanstrengung wieder auf die Beine, fand meine Balance wieder und konnte weiterlaufen, während mir das warme Blut den Nacken herunterlief und mein Hemd befeuchtete.

Dann plötzlich zeichneten sich Umrisse in der Dunkelheit ab … ein liegen gebliebener Truck. Ein Mann lief auf uns zu und fragte, was los sei. Wir erklärten, dass jemand versucht hatte, uns auszurauben. Der Mann war erschrocken und zeigte sich betroffen. Er bot uns an, uns ins Krankenhaus und zur Polizei zu bringen, spürte aber zugleich, dass er uns nicht weiterhelfen konnte, weil sein Truck kaputt war und er uns nirgendwo hinfahren konnte. Wir dankten ihm und sagten, dass wir o.k. seien, da wir nur noch wenige hundert Meter vom Camp entfernt seien.

Unsere Ankunft im Camp löste Bestürzung aus, da ich mit blutigem Kopf, Gesicht und Hemd hereinwankte. Die Leute drängten sich um uns, um zu helfen oder zu gaffen, bis Gisela sie wegscheuchte und sie aufforderte, Platz zu machen. Einer der Zuschauer fragte uns: »Was habt ihr euch dabei gedacht, das Camp in der Dunkelheit zu verlassen? Dies ist eine sehr gefährliche Gegend!« Ja, was hatten wir uns dabei gedacht? Bei Licht sah ich, dass Shaun einen tiefen Schnitt am Kinn von dem ersten Steinwurf davongetragen hatte, und noch immer tropfte mein Blut überall hin. Wir hätten in ein Krankenhaus gehen sollen, aber wir waren alle zu aufgewühlt. In der Zwischenzeit verarztete Gisela Shauns Kinn und reinigte meinen Kopf. Trotz des vielen Bluts war meine Verletzung nicht schwer, nur eine Platzwunde. Shauns Wunde am Kinn hätte wohl mit einigen Stichen genäht werden sollen. Als wir uns dann beruhigt hatten, stellten wir fest, dass wir noch gut davongekommen waren. Wir hatten keine ernsthaften Verletzungen davongetragen, und die Räuber hatten nichts erbeutet. Ich nahm es als einen dezenten Hinweis des Universums, mir zu vergegenwärtigen, wo ich mich befand. Ich war zu sorglos gewesen. Ja, die meisten Afrikaner sind freundlich und heißen Fremde willkommen, aber Afrika ist nach wie vor ein gefährlicher Kontinent, wo ein Menschenleben nicht viel zählt.

In Nairobi (allgemein als Nairobbery! bekannt) besuchten wir meine Cousine Daphne, eine bekannte Dompteuse, und dort erlebten wir einen emotionalen Zusammenbruch. Die Anstrengungen einer so langen Reise mit drei Personen auf engstem Raum forderten ihren Tribut. Und der Überfall in Moshi hatte bei Shaun viele Ängste geweckt. Nachdem wir eine Reihe von Möglichkeiten in der Gruppe durchdiskutiert hatten, entschloss sich Shaun schließlich zurückzukehren. Sein Ausscheiden klärte die Atmosphäre, und leichteren Herzens brachen wir mit unserem Zebra-Bus ins wirklich wilde Afrika auf. Bis Nairobi sind die Straßen gut und man kommt gut zurecht, weil überall Englisch gesprochen wird und die meisten Dinge des modernen Lebens erhältlich sind. Aber nördlich des Äquators enden die guten Straßen, und Englisch ist nicht länger die Verkehrssprache.

Am Tag, an dem wir Nairobi verließen, überquerten wir den Äquator und campten in der Nacht auf dem Gelände eines Motels in Chogoria, am Fuß des Mount Kenia. Nach einem gemächlichen Start am nächsten Morgen fuhren wir die nächsten 250 Kilometer nach Isiolo, wo die Asphaltstraße endet und der Weg in die Hölle beginnt.

Man kann die gesamte Strecke von Kapstadt bis Nairobi auf befestigten Straßen fahren. Einige haben zwar Schlaglöcher, aber es gibt keinen Grund, warum man diese Tour nicht in einem Familien-Kleinwagen machen sollte. Nördlich von Isiolo jedoch gibt es nur wenige befestigte Straßen; von Nordkenia durch ganz Äthiopien und den Sudan bis Ägypten sind die meisten »Straßen« ausgefahrene Spuren oder steinige Holperpisten. Und die erste Strecke ist eindeutig die schlechteste. Diese 500 Kilometer lange Strecke, für die man zwei Tage benötigt, führt von Isiolo über Marsabit nach Moyale an der äthiopischen Grenze und wird ironischerweise Trans East African Highway genannt. Der »Highway« ist hart wie Beton, gnadenlos zerfurcht und mit losem Geröll aus messerscharfer Lava übersät, das in der Mitte zu einem Hügel, so hoch wie die Achsen eines Trucks, angehäuft ist. Diese mörderische Strecke ist als Reifen- und Fahrzeugkiller berüchtigt. Die Piste durchquert die Dida-Galgalu-Wüste, eine Region voller Banditen, und man ist gezwungen, im Konvoi zu fahren.

Obwohl unsere achtlagigen Goodyear-Reifen den Angriffen der Lava widerstanden, wurde der Rest des Wagens stark in Mitleidenschaft gezogen. Die Karosserie brach oberhalb der Heckklappe und längs der Dachrinne, einige der Stützen des Dachgepäckträgers knickten um, die Auspuffrohre brachen ab, und wir legten regelmäßige Stopps ein, um die äußeren Rückspiegel, die Stoßfänger und sogar die Radschrauben wieder zu befestigen, die sich durch die Vibrationen gelöst hatten. Wir legten in Marsabit einen zusätzlichen Tag Pause ein und ließen die beschädigte Karosserie schweißen. Von Marsabit bis Moyale ließ uns die kenianische Polizei an den Checkpoints nur mit einem bewaffneten Begleiter an Bord passieren, sodass wir diese Strecke mit einem Polizisten im Auto zurücklegten, der mit einem G3-Automatikgewehr bewaffnet war.

Als wir schließlich in Moyale die Grenze nach Äthiopien überquerten, waren wir überglücklich, eine asphaltierte Straße vorzufinden, die bis Addis Abeba führte. Sie war in einigen Abschnitten sehr uneben und voller Schlaglöcher, aber nach dem, was wir durchgemacht hatten, fühlte es sich an wie eine Autobahn. Wir gerieten ins Staunen über die schöne, abwechslungsreiche Landschaft, die alte Kultur und die faszinierenden, wenn auch sehr urtümlich lebenden Menschen in Äthiopien. Bei der Ankunft in Addis Abeba war ich freudig überrascht, wie viele luftgekühlte Volkswagen es dort gab. Zwar waren die meisten in einem erbärmlichen Zustand, aber ich sah doch jeden Tag Splitscreen-Busse auf den Straßen, außerdem viele Käfer aus den 1960er-Jahren und sogar eine Handvoll Ovalis.

Von Addis fuhren wir wieder in nördliche Richtung. Wir stellten bald fest, dass die Straße von Moyale nach Addis eine von nur zwei ausgebauten Strecken im gesamten Land ist und dass es in nördliche Richtung keine gepflasterte Straße gibt. Die meisten Hauptstraßen sind sehr schwierig zu befahren und die Nebenstraßen oft nicht mehr als Eselspfade. Von Addis fuhren wir langsam nach Bahir Dar und zum Tana-See. In einem der zahlreichen Klöster auf den Inseln soll angeblich die Bundeslade verwahrt sein. Das äthiopische Christentum lässt sich mehr als eintausend Jahre zurückverfolgen, und die Äthiopier sind sehr stolz darauf, dass sie bereits Christen waren, als große Teile Europas noch heidnisch waren.

Von Bahir Dar fuhren wir weiter nach Gondar mit seiner mittelalterlichen Burg und der Kathedrale und dann in den Sudan. Aber nicht ohne Probleme ... Als wir Gondar das erste Mal verlassen hatten und uns etwa 50 Kilometer außerhalb der Stadt befanden, bemerkten wir ein schreckliches klapperndes Geräusch, das vom Motor ausging. Es stellte sich heraus, dass die Nabe des Kühlventilators gebrochen war. Trotz des infernalischen Lärms drehte sich der Ventilator jedoch noch, sodass wir nach Gondar zurückkehren konnten. Es folgte eine wilde Suche nach einem guten gebrauchten Ersatzventilator. Wir fanden zwei, aber die äthiopischen Werkstattinhaber dachten, das wir auf sie angewiesen seien, und forderten einen entsprechenden Preis. Schließlich baute ich den beschädigten Ventilator (nicht jedoch den Motor) aus und ließ ihn für einen lächerlichen Preis schweißen. Als ich jedoch den Vergaser abbaute, um Platz zu schaffen und die Lichtmaschine und den Ventilator abnehmen zu können, fiel mir unbemerkt ein kleiner Dichtungsring in den Ansaugtrakt. Als ich den Motor nach dem Zusammenbau wieder startete, machte er ein lautes Klingelgeräusch. Verdammt! Es blieb mir nichts anderes übrig, als den Motor auszubauen und ihn teilweise zu zerlegen, um die Dichtungsscheibe zu entfernen. Das kostete uns einen weiteren Tag.

Die 400 Kilometer lange Strecke von Gondar nach Al Gederif im Sudan, die einzige offene Route zwischen Äthiopien und dem Nachbarland, ist äußerst schwierig zu fahren und in der Regenzeit fast unpassierbar. Sie ist in einigen Abschnitten erneuert worden, bleibt aber insgesamt eine anspruchsvolle Fahrstrecke. In Al Gederif stießen wir auf die ausgebaute Straße zwischen Port Sudan und Khartoum und erreichten schnell die Hauptstadt, wo wir einige Tage blieben, um uns ägyptische Visa zu besorgen. Wir verbrachten das Weihnachtsfest in Khartoum, bevor wir wieder in nördliche Richtung aufbrachen. Unsere Strecke aus Khartoum heraus folgte einer weiteren ausgebauten Straße, die nicht in unserer Karte verzeichnet war. Etwa 350 Kilometer von der Hauptstadt entfernt endete sie einfach mitten in der Nubischen Wüste.

Von dort bis zum Wadi Halfa an der ägyptischen Grenze gab es überhaupt keine Straße, nur sandige Spuren durch die Wüste und einen steinigen Pfad am Nil entlang. Für die Strecke von 650 Kilometern benötigten wir fünf Tage, wobei wir zehn Stunden am Tag fuhren, den ganzen Weg im zweiten Gang! Die ersten hundert Kilometer nach dem Ende der ausgebauten Strecke mussten wir durch tiefen Sand fahren. Der Zebra-Bus erstaunte uns mit seinen Off-Road-Qualitäten, und wir blieben nur sechsmal im Sand stecken. Zweimal mussten wir bei dieser Gelegenheit unsere behelfsmäßigen Sandleitern benutzen, um weiterzukommen, die übrigen Male wurde uns von vorbeikommenden Trucks oder von der ländlichen Bevölkerung geholfen. In der sudanesischen Wüste fährt niemand an einem vorbei, ohne sich zu vergewissern, dass alles o.k. ist. Im Sudan fanden wir die nettesten und gastfreundlichsten Menschen in ganz Afrika. Immer wieder wurden wir von Fremden angesprochen, die kein Englisch sprachen, aber darauf bestanden, dass wir zum Essen oder zur Erfrischung in ihr Haus kamen, und uns Geschenke machten,

Überquerung des Nasser-Stausees auf einem Lastkahn.

ohne dass sie dafür eine Gegenleistung erwarteten. Als wir schließlich die staubige, öde Grenzstadt Wadi Halfa erreichten, waren wir ziemlich erschöpft. Wir mussten dort eine Zwangspause von zwölf Tagen einlegen, weil wir auf ein Lastschiff warten mussten, das uns über den Nasser-See nach Assuan bringen sollte.

Ägypten verfügt über ein Netz von guten, asphaltierten Straßen, sodass unsere Reisenden wieder im vierten Gang fahren konnten. Von Assuan fuhren sie den Nil abwärts nach Luxor, wo sie das Tal der Könige und die Tempel von Luxor, Karnak und der Hatschepsut besuchten, bevor sie in Richtung Rotes Meer abdrehten, wo sie im unberührten Korallenriff bei Sharm el Naga tauchten. Als sie triumphierend in Kairo einfuhren, waren sie mehr als sechs Monate unterwegs gewesen und 22 000 Kilometer gefahren, seit sie Johannesburg verlassen hatten. Ihr erster Blick auf die Großen Pyramiden von Gizeh war ein sehr erhebender Moment, auch weil es das Ende ihrer Cape-to-Kairo-Abenteuertour bedeutete. Sie hatten den zweitgrößten Kontinent der Erde in einem alten Fahrzeug mit viel Gottvertrauen erfolgreich durchquert, ohne einen einzigen Ausfall oder eine Reifenpanne – eine wahrlich lange Reise.

Nach den ursprünglichen Planungen wollten sie von hier aus Libyen durchqueren und in Tunesien eine Fähre nach Italien nehmen, aber nach endlosen Problemen mit ihren Visa und den Erfahrungen, die sie mit den ägyptischen Visa gemacht hatten, entschieden sie sich um und fuhren über den Nahen Osten und die Türkei nach Europa. Sie lagen bereits drei Monate hinter ihren Planungen, und das bedeutete jetzt 10 000 Kilometer Umweg und noch mehr Grenzübertritte. Aber, wie Christian es ausdrückt: »Das Fahrziel war plötzlich wichtiger geworden als die Reise selbst.«

In Jordanien hatten sie ihr erstes größeres Motorproblem: Niedrigoktaniges Benzin in Verbindung mit hohen Temperaturen und ein 250 Kilometer langer Anstieg von Meereshöhe auf 1750 Meter führten zu ernsthaften Fehlzündungen und zur Überhitzung. Obwohl sie von Zeit zu Zeit anhielten, um den Motor abkühlen zu lassen, erlitt er schwere Schäden, die dazu führten, dass schließlich kurz vor Aleppo ein Ventil brach. Immer auf alles gefasst und einfallsreich, baute Christian den Motor am Straßenrand auseinander und stellte fest, dass das Ventil glücklicherweise nicht den Kolben beschädigt hatte. Er baute einen Ersatzzylinderkopf ein, den er für einen solchen Fall mitgenommen hatte, und noch am gleichen Tag lief der Bus wieder. Das gebrochene Ventil hatte jedoch einen Haarriss am Kolben verursacht. Am nächsten Tag, in einer abgelegenen Region in der Türkei, ging der beschädigte Kolben kaputt, und der Motor erlitt nahezu irreparable Schäden.

Glücklicherweise wurden sie nach Gaziantep abgeschleppt, wo sie eine Hinterhofwerkstatt für luftgekühlte Volkswagen fanden. Bei der Zerlegung des Motors zeigte sich, dass Teile des gebrochenen Kolbens zwar auch die anderen Kolben und Zylinder beschädigt, jedoch zum Glück keine weiteren Schäden am Motor angerichtet hatten. Da in Gaziantep keine neuen Ersatzteile erhältlich waren, bauten die Mechaniker den Motor mit einem Satz gebrauchter Kolben und Zylinder aus einem sorgsam gehüteten Schrottlager wieder auf. Aber die Teile taugten nichts mehr, und obwohl der Bus wieder in Gang kam, war der Motor in einem sehr schlechten Zustand. Er qualmte stark. Die Zündkerze im vierten Zylinder verölte regelmäßig, und der dritte Zylinder verlor Öl.

Sie quälten sich weiter und durchquerten die Türkei in zwei Tagen. Im Schongang ging es weiter nach Wien, wo ein örtlicher Volkswagen-Händler, der ihre Geschichte über das Internet verfolgt hatte, ihnen Hilfe und Unterstützung anbot. Als sie jedoch in Deutschland ankamen, litt der Bus unter schwerem Leistungsverlust, und das Ölleck war mittlerweile so groß, dass die Vögel um ihr Gefieder fürchten mussten.

Die Tour kam in Stuttgart zu einem abrupten Ende. Sie wurden von der Polizei angehalten, die nur einen kurzen Blick auf den geschundenen Zebra-Bus und seine zerzausten Insassen warf und das Fahrzeug prompt zum örtlichen TÜV beorderte. Dort stellten die Ingenieure eine Mängelliste auf, die genauso lang war wie die Reise, die sie hinter sich hatten. Die Polizei kassierte sofort eine Geldbuße und – um das Ganze noch schlimmer zu machen – beschlagnahmte die Zulassungsschilder und Fahrzeugpapiere. Das hatte zur Folge, dass der arme alte Zebra-Bus in der EU nicht mehr fahren durfte. Mit dem Abschiedskommentar »Schaffen Sie dieses gefährliche Gerümpel weg, oder es wird abgeschleppt – auf Ihre Kosten!« ließ die Polizei Christian und Gisela niedergeschlagen am Straßenrand zurück. Es muss ein herzzerreißender Moment gewesen sein, ein solch schmähliches Ende des VWs zu erleben, der sie den ganzen Weg durch Afrika und Europa gebracht hatte. Glücklicherweise konnte Michael Steinke, ein anerkannter deutscher Bulli-Guru und -Enthusiast, einen Freund motivieren, den Zebra-Bus in seine private Sammlung aufzunehmen, wo er auch heute noch steht.

Die 31 000 Kilometer lange Reise über drei Kontinente hatte zehn Monate beansprucht und Fahrer und Fahrzeug hart gefordert. Christian hatte sich einen Traum erfüllt, und dieses Abenteuer seines Lebens wird er zweifellos mit seinen zukünftigen Enkelkindern teilen wollen.

Die Große Pyramide in Gizeh.

Christian musste den Motor auf den Straßen von Aleppo, Syrien, reparieren.

Camping in der Neuen Weißen Wüste, Ägypten.

Das Ende der Reise: Die deutsche Polizei erklärt den Zebra-Bus für verkehrsgefährdend und legt ihn still.

14 Stammes-versammlungen

Nach 56 Jahren ist der VW-Camper populärer und angesagter als je zuvor. Das »Ferienhaus auf Rädern« hat einen langen Weg hinter sich, und die Bus-Szene hat sich heute sehr gewandelt. Natürlich hat ein Wochenende außerhalb der eigenen vier Wände oder ein Familienurlaub nach wie vor seinen Reiz, hinzu kommt aber das Zusammengehörigkeitsgefühl der Szene, das mit der Zeit immer mehr gewachsen ist. Aus diesem Grund grüßen sich VW-Bus-Fahrer mit der Lichthupe und winken einander zu: Sie teilen die Leidenschaft für etwas Einzigartiges.

Obwohl der eigentliche Sinn des VW-Campers darin besteht, für ein Familienwochenende aufs Land oder mit Freunden an den Strand zu fahren, werden die verschiedenen Treffen für einige Camperfans immer wichtiger. Lange beherrschte der Käfer die zahlreichen VW-Treffen, aber die Zeiten haben sich geändert. Die Zusammenkünfte widmen sich immer stärker auch dem Bulli. Beginnend mit dem treffend bezeichneten DubFreeze im Februar (bei dem einige Mutige sogar campen), findet in den nächsten acht Monaten an fast jedem Wochenende ein Event statt, auf dem Kontinent ebenso wie in England. In Deutschland gibt es übers Jahr zwischen 20 und 30 Treffen, vom Fichtelgebirge bis nach Rügen, von Düsseldorf bis nach Berlin, und viele fahren auch gern gleich weiter bis nach Belgien, Italien, Österreich oder in die Schweiz, um Gleichgesinnte zu treffen – oder eben nach England. Viele Veranstaltungen dauern von Freitag bis Sonntag (viel Zeit für eine richtige Party), aber selbst die Veranstaltungen, die nur an einem Tag stattfinden, werden mit einer Campingnacht und Unterhaltung verbunden.

Erwähnenswert sind das Vanfest (das mittlerweile jedes Jahr über 3000 Campervans anzieht) und »Bus Types« in Großbritannien sowie die OCTO-Show in Kalifornien. Das Internationale Bulli-Treffen, das im Oktober 2007 zum Anlass des 60. Geburtstages des Transporters in Hannover stattfand, versammelte über 5000 VW-Bullis und mehr als 70 000 Besucher auf dem Messegelände – das bisher größte Get-together dieser Art. Es gibt jedoch auch viele VW-Veranstaltungen für Käfer, Karmann Ghia, Trecker etc., auf denen auch die VW-Camper allgegenwärtig sind. Diese Treffen bringen die VW-Nation zusammen: Ein historischer Käfer parkt neben einem New Beetle, ein Golf ist neben einem Pick-up und Kastenwagen ausgestellt, und Camper und Cabriolets stehen dicht an dicht.

Viele VW-Besitzer sind Mitglied in einem lokalen oder nationalen Club; neben der geselligen Seite halten die Clubs viele Vorteile bereit, wie Preisnachlässe, Ersatzteile und Insignien, schöne Magazine und den Zugang zu endloser technischer Hilfe und Ratschlägen. Wenn die Mitglieder nicht zu einer Veranstaltung fahren, campen sie irgendwo zusammen. Bei Treffen stellen die Clubs ihre Fahrzeuge nebeneinander auf und bilden oft ein besonderes Bild. Der Besitz eines Wagens ist wichtig, aber genauso wichtig ist es, ihn mit anderen zu teilen und zu präsentieren. Wozu ist es gut, einen seltenen Van Gogh zu besitzen, wenn man ihn nicht in einer Ausstellung zeigen kann, damit ihn alle bewundern? Das gilt ebenso für die meisten Bulli-Besitzer, die zu den Shows fahren, um ihren ganzen Stolz zu präsentieren oder sich einfach selbst daran zu erfreuen und sich davon inspirieren lassen, was andere mit ihren Fahrzeugen angestellt haben.

Die Organisatoren der Veranstaltungen kennen ihr Publikum (und teilen, anders als bei anderen Veranstaltungen, seine Passion), und sie sorgen nicht nur für Livemusik oder Retro-Discos, sondern auch mit der Schaffung von ruhigen Camping-Bezirken und Aktivitäten wie Gesichtsbemalung, Frisurenflechten, Clownauftritten, Malwettbewerben und Spaßrennen oder internationalen Wettbewerben wie Fünf-Seiten-Fußball auch für das Wohl der Familien.

VW Action – eine Dubhenge-Skulptur (rechte Seite).

ABW 189D
322 UXD

LGR 729P
MOT 976R

Auf so einer Veranstaltung kann man nicht nur entspannen und alte Freundschaften auffrischen, sondern man kann auch im Freien Zubehör kaufen und auf dem weitläufigen Gelände ein Gefühl dafür entwickeln, wie gut einem dieses Outdoor-Leben gefällt. Jede Veranstaltung hat ein anderes Flair, manche zielen eher auf lärmende junge Leute ab, andere richten sich mehr an gesetztere Typen oder an Familien mit Kindern und Haustieren. Von Vintage-Shows (bei denen sogar das Fehlen eines Werkzeugs aus dem richtigen Baujahr dazu führen kann, dass man den ersten Platz bei der Wertung aberkannt bekommt) über kleine informelle Veranstaltungen in entspannter Atmosphäre bis zu großen festivalartigen Events mit Liveunterhaltung während des gesamten Wochenendes ist die Veranstaltungsszene heute ein wichtiger Bestandteil des VW-Lebensstils.

Jüngere Campervan-Besitzer lieben die Rennstrecken, auf denen die Busse mit starken Motoren ihre Runden drehen. Sie mögen Late-Night-Bands und Partys und schlafen morgens gern lange. Die Familiengruppen mögen Veranstaltungen mit Quiz-Shows und Themennächte, in denen sich alle kostümieren und gemeinsam bei Discomusik und mit jeder Menge zu essen feiern. Sie sind zum Morgenkaffee wieder rechtzeitig munter und machen die besten Schnäppchen auf den Autoflohmärkten.

Die eher klassisch orientierten Besitzer besuchen eher Veranstaltungen wie Brighton Breeze oder Stanford Hall, die tagsüber Veranstaltungen durchführen, wie das Polieren von Autos und deren Präsentation, und die Gelegenheit bieten, seltene Stücke in reizvoller Landschaft oder an Küstenstrichen zu bewundern. Brighton Breeze hat einen zusätzlichen Vorteil – nicht nur, dass die Anfahrt in einem Konvoi von 700 Fahrzeugen von London aus erfolgt, die Wagen werden auch alle entlang der Küstenstraße geparkt, wo sie ein einzigartiges Bild abgeben. Veranstaltungen wie das BVF loben sich selbst für ihre familiäre Ausstrahlung, während andere wie VW Action Wochenendveranstaltungen mit vollem Spaßprogramm, Unterhaltungszelten und einigen Musikzelten sind – es ist Party angesagt!

Die Handelsbereiche der Treffen spiegeln die Veränderungen, die in letzter Zeit erfolgt sind. Wo einst die öligen, rostigen Flohmärkte im Vordergrund standen, findet man heute alles und jedes, was mit dem VW-Lifestyle zu tun hat, von Bekleidung bis zu Schmuck, von Teekannen bis zu Kinderbetten, die wie ein Camper aussehen … und möglicherweise auch das, worauf man schon immer gewartet hat!

Die Veranstaltungen auf dem europäischen Kontinent sehen anders aus, hier lassen sich auch andere Varianten bestaunen. Bei einem kühlen Bier oder einem Glas Wein schwinden die Sprachbarrieren, wenn man sich entspannt in Gruppen findet, man fühlt sich wie in den Ferien, diskutiert technische Aspekte, arbeitet an Motoren oder inspiziert Innenausstattungen. Die deutschen und holländischen Bus-Enthusiasten sind besonders gastfreundlich, sie bieten Bier an und sprechen mit jedem, während sie ihre Busse bereitwillig für jedermann öffnen.

Die amerikanischen Treffen sind hingegen völlig anders, sie finden oft nur an einem Tag und auf Parkplätzen statt und sind am Nachmittag bereits zu Ende. Es existiert dort jedoch die gleiche Stimmung und die gleiche freundschaftliche Atmosphäre – kann man seine Zeit besser verbringen als in Gesellschaft Gleichgesinnter, die die eigene Besessenheit (oder ist es Hingabe?) teilen und die Vielfalt in der Welt des VW-Busses bewundern?

Welches Treffen auch immer, wo auch immer auf dieser Erde, allen ist eines gemeinsam: eine elektrisierende Mischung von Jung und Alt aus allen Schichten, die die Freundschaft, die Freiheit und den Spaß innerhalb der VW-Bulli-Nation genießt. Besessenheit oder Hingabe, sie sind alle verrückt nach ihren Campern – oder sollte man sagen campervan-crazy?

Register

Dave und Cee Eccles sind seit 1976 Freunde des VW-Campers. Damals kauften sie sich einen T1-Camper, gaben ihre Jobs als Lehrer auf und reisten ein Jahr lang damit durch Persien und Afghanistan, Kaschmir und Indien. Als sie nach England zurückkehrten, mussten sie ihren geliebten Bus verkaufen, um Geld für ein eigenes Haus aufbringen zu können. 1978 erwarben sie ihren derzeitigen Campervan, einen Devon von 1966. Drei Kinder wurden mit diesem Wagen groß, sie machten damit jeden Sommer Urlaub in Wales oder auf dem europäischen Kontinent, und ihr erstes Enkelkind, jetzt drei Jahre alt, ist bereits ein Fan des Campers.

Seit 1990 sind die Eccles sehr aktive Mitglieder des Splitscreen Van Clubs, gaben zehn Jahre lang das Club-Magazin heraus und besuchten mit ihrer Familie Treffen in Großbritannien und Kontinentaleuropa. Dave war außerdem Mitbegründer des Brighton Breeze Cruise. Mit Cees Unterstützung hat Dave seitdem zwei Bücher über den VW-Camper geschrieben: *VW Transporter and Microbus: Specification Guide 1949–1967* und *VW Camper: The Inside Story – A Guide to Interior Conversions and Camping Models 1951–2005*. Er ist auch Herausgeber von *Volkswagen Camper and Commercial*, einem zweimonatlich erscheinenden englischen Magazin, das ausschließlich dem VW-Bus aller Generationen und Typen gewidmet ist (www.volkswagencamper.co.uk).

Dave war 18 Jahre lang Schulleiter einer städtischen Gesamtschule in Leicester und ist jetzt Lehrer an einer weiterführenden Schule. Cee ist Grundschullehrerin. Nach wie vor locken jedoch eine Frühpensionierung und weitere Fahrten irgendwohin …

Danksagung

Wir danken allen Besitzern, deren Camper und Interieurs in diesem Buch gezeigt werden, und insbesondere folgenden Personen, die uns mit zusätzlichen Fotos versorgt haben. Wenn wir versehentlich jemanden vergessen haben sollten, bitten wir denjenigen, sich zu melden, um dies in der nächsten Auflage korrigieren zu können.

Zusätzliche Fotos stellten uns dankenswerterweise zur Verfügung:
Julian Hunt, Anna Slydell, Ralph Pettit, Michael Steinke, Neil Dalleywater, Rikki James, Richard Kimbrough, Kevin Jones, Jochen Brauer, Familie Gerrard, Miles Newman, Simon Holloway, Helmut und Nelly Oberlander, Richard und Amanda Ligato, Mark Walker, Ruben Horemans, Jerry Jess, Onkel Gunnar, Stan Wohlfarth, Jim DiGennaro, Fred Crellin, Matt Keene, Ian Nankervis, Ian Lloyd, Andy Tindale, Andreas Plogmaker, Mike Howles, Ben Hayes, Brian Ford, Stephen Hughes, Neil Smart, Lyndsay Rowe, Frank Meels, Bootscooter, Mike Brooks, Kelly Lewis, Liz Gundy, Christian Christensen, David Dirk, Bryan Gregg, Jenny Gemmell, Andrew Fowler, Sam Carter, Isaiah Hanback, Ben Bosworths Familie, Christian Figenschou, David B und Matt Smith.

Wir danken allen, deren Geschichte wir erzählen durften und die sich Zeit nahmen, mit uns zu sprechen und mit uns in ihren Familien-Fotoarchiven zu stöbern. Besonders danken wir:

Cris Torlasco, der die Geschichte der Oberlander niederschrieb und Bilder beschaffte.
Richard und Amanda Ligato, die die auszugsweise Wiedergabe ihres Buchs *Wide Eyed Wanderers* gestatteten.
Jacob Devaney für seine Hintergrundinformationen über Bessie.
Bob van Heyst für die Beschaffung von Bildern des Flower Power Busses.
Lisa Guthrie für Informationen über den Guthrie Walk.
Kevin Jones für seine Erlaubnis, Passagen aus seinem Buch *Inshallah* wiedergeben zu dürfen.
Dr. Bob Hieronimus für Bilder und Informationen über den Light Bus.
Richard Kimbrough für Bilder und Informationen über den Shasta-Snow-Trip.
Christian Figenschou für die Erlaubnis, seinen Text und die Fotos seiner Tour durch Afrika abzudrucken.
Der Volkswagen AG für Archivmaterial.
Dem *Volkswagen Camper and Commercial*-Magazin.

Seite 79: Foto © Empic
Seite 134 ganz links und Seite 138: Fotos © bigpicturesphoto.com